高等院校“十三五”精品规划教材

# 画法几何及工程制图习题册

主　编　乌　云　苏日娜
主　审　胡守忠

黄河水利出版社
·郑州·

**图书在版编目(CIP)数据**

画法几何及工程制图习题册/乌云,苏日娜主编. —郑州:黄河水利出版社,2015.7
ISBN 978 - 7 - 5509 - 1170 - 3

Ⅰ.①画…　Ⅱ.①乌…　②苏…　Ⅲ.①画法几何 - 高等学校 - 习题集　②工程制图 - 高等学校 - 习题集　Ⅳ.①TB23 - 44

中国版本图书馆 CIP 数据核字(2015)第 161657 号

出 版 社:黄河水利出版社
地址:河南省郑州市顺河路黄委会综合楼 14 层　　邮政编码:450003
发行单位:黄河水利出版社
发行部电话:0371 - 66026940、66020550、66028024、66022620(传真)
E-mail:hhslcbs@126.com
承印单位:黄河水利委员会印刷厂
开本:787 mm×1 092 mm　1/16
印张:5.5
字数:127 千字　　印数:1—3 100
版次:2015 年 7 月第 1 版　　印次:2015 年 7 月第 1 次印刷

定价:20.00 元

# 前　言

本习题册是在2012年出版的《画法几何及工程制图习题集》(中国水利水电出版社)的基础上修订而成的,与胡守忠、乌云、苏日娜主编的《画法几何及工程制图》(中国水利水电出版社)教材配套使用。

本习题册的特点:

(1)适用于水利类、土建类和道路桥梁等工程类,本科少学时(32~56学时)专业。

(2)选用具有代表性的典型图例,训练学生对相应内容的理解。

(3)理论联系实际,通过一些工程实例和轴测图,帮助理解相应知识在工程实际中的应用情况。

(4)对部分重点和难点问题提供了参考答案。

本书由内蒙古农业大学乌云、苏日娜任主编,胡守忠任主审。

参加本习题册编写的还有内蒙古农业大学郁志宏、穆继卫、王芳、乌云塔娜等。编写和修订过程中参考了一些国内优秀的教材和习题集,在此向有关作者和同仁表示感谢。

由于水平所限,编纂时间仓促,本习题册中难免存在错误和缺点,恳请广大读者批评指正。

编　者

2015年5月

# 目　录


前　言

第 1 章　制图基本知识训练 …… (1)

1－1　长仿宋体字、数字、字母和符号练习 …… (1)

1－2　线型练习 …… (4)

1－3　圆弧连接练习 …… (5)

第 2 章　投影原理 …… (7)

2－1　已知物体的轴测图,了解物体的特征,确定对应的三视图 …… (7)

2－2　读懂已知物体的三视图,了解其投影特征,确定对应的轴测图 …… (8)

第 3 章　点的投影 …… (9)

3－1　点的投影 …… (9)

第 4 章　直线的投影 …… (11)

4－1　直线的投影 …… (11)

4－2　两直线的相对位置 …… (14)

第 5 章　平面的投影 …… (15)

5－1　平面的投影 …… (15)

5－2　平面上的点和直线 …… (17)

第 6 章　直线、平面的相对位置 …… (18)

6－1　平行关系 …… (18)

6－2　相交关系 …… (19)

6-3　垂直关系 …………………………………………………………………………………… (20)
6-4　相对位置综合题 ………………………………………………………………………… (21)
**第7章　基本体的投影** …………………………………………………………………… (23)
7-1　基本体-平面立体的投影 ……………………………………………………………… (23)
7-2　平面立体及其表面上点、线的投影 ……………………………………………………… (24)
7-3　基本体-曲面立体的投影 ……………………………………………………………… (25)
7-4　回转体及其表面上点、线的投影 ………………………………………………………… (26)
**第8章　平面、直线与基本立体相交** ……………………………………………………… (27)
8-1　平面与平面立体截交 …………………………………………………………………… (27)
8-2　平面与回转体截交 ……………………………………………………………………… (28)
8-3　直线与立体相交 ………………………………………………………………………… (29)
**第9章　基本体与基本体相交** ……………………………………………………………… (30)
9-1　两平面立体相交 ………………………………………………………………………… (30)
9-2　平面立体与回转体相交 ………………………………………………………………… (31)
9-3　两回转体相交 …………………………………………………………………………… (33)
9-4　两回转体特殊相交 ……………………………………………………………………… (34)
9-5　回转体特殊相交的综合作图 …………………………………………………………… (35)
**第10章　组合体** …………………………………………………………………………… (36)
10-1　已知物体的两个视图,完成第三视图 ………………………………………………… (36)
10-2　根据立体,测绘其三视图 ……………………………………………………………… (38)
10-3　根据两面视图,完成第三视图 ………………………………………………………… (40)
10-4　读懂已知物体的三视图,补画视图中漏画的图线 ……………………………………… (46)

**第 11 章　工程形体的表达方法** ………… (48)
11 - 1　视　图 ………… (48)
11 - 2　剖视图 ………… (50)
11 - 3　断面图 ………… (57)
11 - 4　综合练习 ………… (58)
**第 12 章　标高投影** ………… (62)
12 - 1　直线与平面的标高投影 ………… (62)
12 - 2　平面与曲面的标高投影 ………… (63)
12 - 3　曲面标高投影和地形图应用 ………… (64)
12 - 4　地形图应用 ………… (65)
12 - 5　标高投影综合应用 ………… (69)
**第 13 章　计算机绘图练习** ………… (71)
13 - 1　基本命令的使用 ………… (71)
13 - 2　建筑图例的绘制 ………… (74)
13 - 3　简单工程形体绘制 ………… (75)
**参考答案** ………… (76)

| 1-1 长仿宋体字、数字、字母和符号练习 | 班级 | | 学号 | | 姓名 | | 1 |
|---|---|---|---|---|---|---|---|

上北下南左西右东前孔后远大中小

主视俯视型体画法几何制图工程部

水利土木环境地质测绘水文水资源

内蒙古农业大学水建工程学院编撰

技术要求其余空间想像实体造型厂

1234567890 φ26 R3 1234567890 φ26 R3 1234567890 φ26

ABCDEFGHIJKLMNOPQRSTUVWXYZ ABCDEFGHIJKLMNO

abcdefghijklmnopqrstuvwxyz abcdefghijklmnopq

## 1-1 长仿宋体字、数字、字母和符号练习

班级　　学号　　姓名



水坝翼墙蓄水位标高桩号坡度校核

设计洪水位专业规范国家标准行业

水泥砂浆混凝土素土夯实卵石砾石

粗砂枢纽总布置图基础开挖图水库

水闸流域规划图等高线渠道灌溉法

水坝翼墙蓄水位标高桩号坡度校核

设计洪水位专业规范国家标准行业

水泥砂浆混凝土素土夯实卵石砾石

粗砂枢纽总布置图基础开挖图水库

水闸流域规划图等高线渠道灌溉法

受力钢筋架立钢筋分布钢筋保护层

箍筋弯钩弯起配筋图绑扎骨架构件

型钢焊接铸造圆角焊缝硬度角焊缝

台阶雨水管外墙防潮层勒脚女儿墙

雨篷阳台梁板柱天沟屋顶楼梯基础

受力钢筋架立钢筋分布钢筋保护层

箍筋弯钩弯起配筋图绑扎骨架构件

型钢焊接铸造圆角焊缝硬度角焊缝

台阶雨水管外墙防潮层勒脚女儿墙

雨篷阳台梁板柱天沟屋顶楼梯基础

按所注尺寸用1:1比例将下图抄画在A4图纸上(详见右侧说明书)

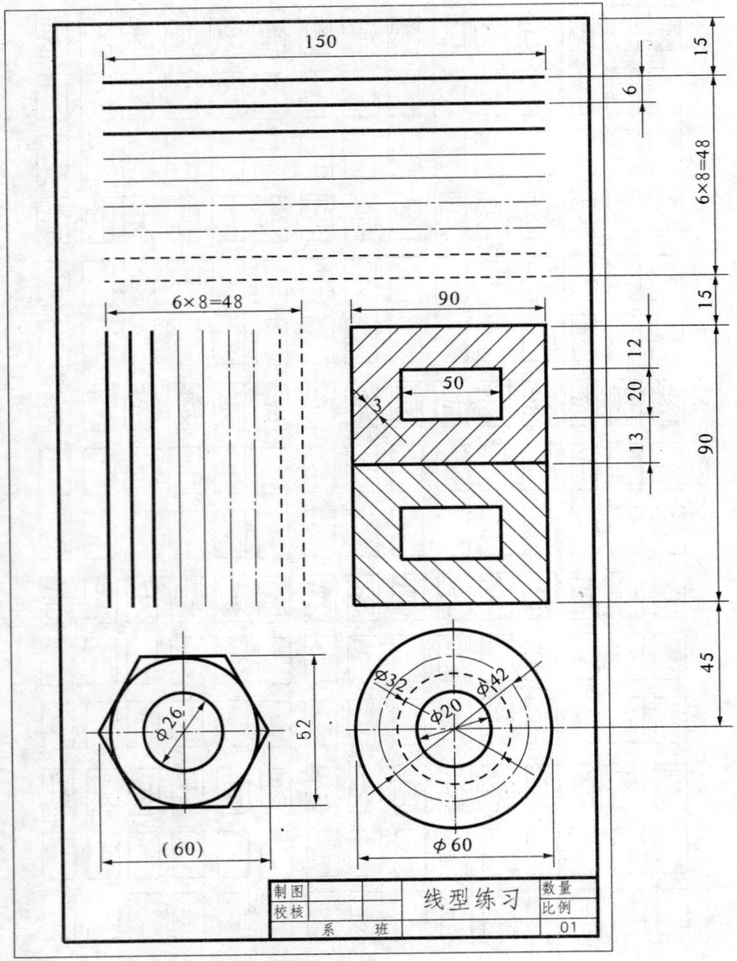


作业1 线型练习

## 一、目的

1.学会使用绘图仪器绘制各种图形。

2.掌握国标有关图幅及格式、比例、线型和字体的基本规定。

## 二、内容和要求

1.内容:根据图上给出的尺寸,用1:1比例在A4图纸上抄画左图。只画图形,不标注尺寸。

2.要求:作图准确;字体端正,图幅、图框、标题栏和线型符合规定,虚线、点画线各段长度基本保持一致;圆弧连接光滑;图面整洁。

## 三、作图步骤

1.固定图纸:将A4图纸用透明胶带固定在图板上(注意图纸下边与图板边距应留出1~2个丁字尺的宽度),画出标准图幅、图框线和标题栏的底稿。

2.布置图纸:图形与边框的上、下、左、右以及图形与图形之间的距离要基本一致。先画出各图形的主要对称中心线、轴线或轮廓线。

3.画图过程:用2H铅笔完成底稿。底稿线要准、轻、细。丁字尺只能用来画水平线,竖直线必须用三角板与丁字尺配合使用绘制。

4.加深:仔细检查无误后按“先曲后直、先细后粗、先上后下、先左后右”的原则进行加深。用H或HB铅笔加深虚线、细实线和点画线,用B铅笔加深粗实线,用2B铅笔加深粗实线圆或圆弧。

5.填写标题栏:图名为“线型练习”,图号为“01”。

将下图按1:2比例抄画在A4图纸上(详见右侧说明书)。

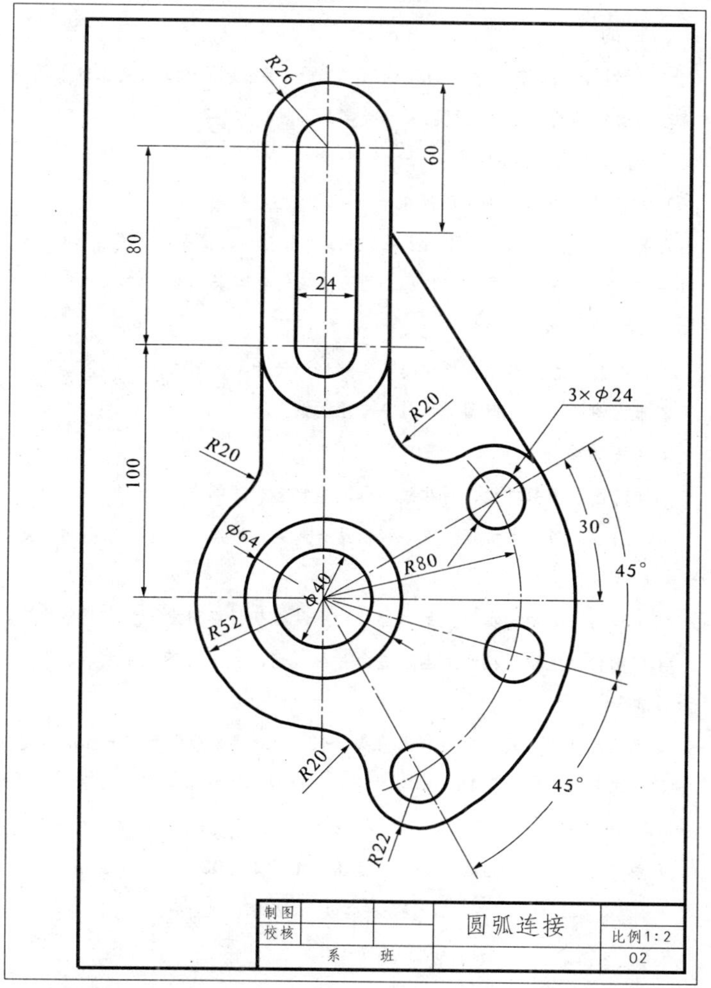


作业2 圆弧连接练习

## 一、目的

学习圆弧连接和平面图形的画法，进一步熟悉绘图工具的正确使用方法，练习带箭头尺寸线的画法和尺寸数字的标注。

## 二、内容和要求

1.内容：按1:2比例将左图画在一张A4图纸上，并标注尺寸。

2.要求：掌握圆弧连接的作图方法，做到光滑连接。尺寸数字的标注、箭头的画法应符合国家标准规定。

## 三、作图步骤

1.作图前应分析确定已知线段、中间线段和连接线段。

2.布置图纸，尽量把图形均匀分布在图纸上。

3.画图过程：

(1)确定各已知圆的圆心，画出各已知圆。

(2)根据已知圆作出各中间线段，根据已知圆和中间线段找出各连接弧的圆心和切点，画出各连接弧。

4.仔细检查无误后按“先曲后直、先细后粗、先上后下、先左后右”的原则进行加深。加深连接线段时，应准确把连接线段画到切点。

5.标注尺寸时，尺寸界线超出箭头2~3 mm，箭头应符合国家标准规定。

6.填写标题栏，图名为“圆弧连接”，图号为“02”。

将下图按2:1比例抄画在A4图纸上(详见右侧说明书)。

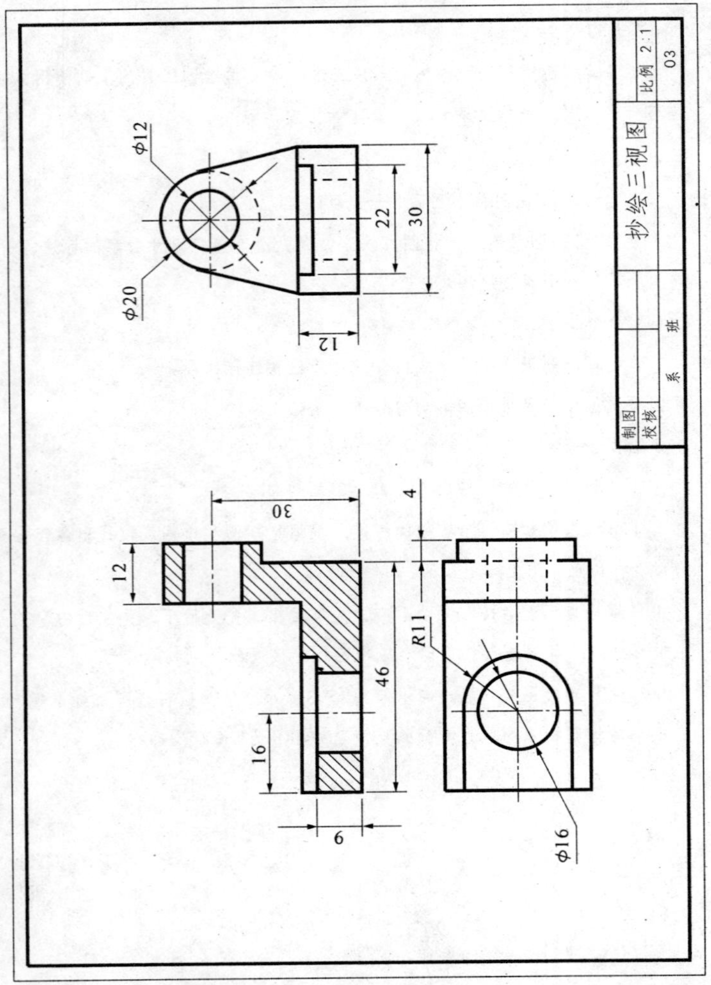


## 作业3　抄绘三视图练习

### 一、目的

了解投影法的概念和三视图的画法，进一步熟悉绘图工具的正确使用方法，练习剖面符号的画法和三视图尺寸数字的标注。

### 二、内容和要求

1.内容：按2:1比例将左图画在一张A4图纸上，并标注尺寸。

2.要求：掌握三视图的作图方法，做到“长对正、高平齐、宽相等”；尺寸数字的标注、箭头的画法和剖面线的画法应符合国家标准规定。

### 三、作图步骤

1.作图前应进行形体分析，阅读各部分的尺寸。

2.布置图纸，尽量把图形均匀分布在图纸上。

3.画图过程：

(1)画作图基准线、对称线，合理确定各视图的布局。

(2)画底板和支撑板：三个视图结合起来，按照“三等”原则相互对照，逐个画出各个投影。

(3)画底板和支撑板上的细部结构：从特征投影出发，补画其他投影。

4.仔细检查无误后按“先曲后直、先细后粗、先上后下、先左后右”的原则进行加深。

5.标注尺寸时，尺寸界线超出箭头2～3mm，箭头应符合国家标准规定。

6.标注剖面线时，用45°细实线等间距绘制。注意相同材料间距和倾斜方向一致。

7.填写标题栏，图名为“抄绘三视图，图号为“03”。

## 2-1 已知物体的轴测图，了解物体的特征，确定对应的三视图

班级 学号 姓名 

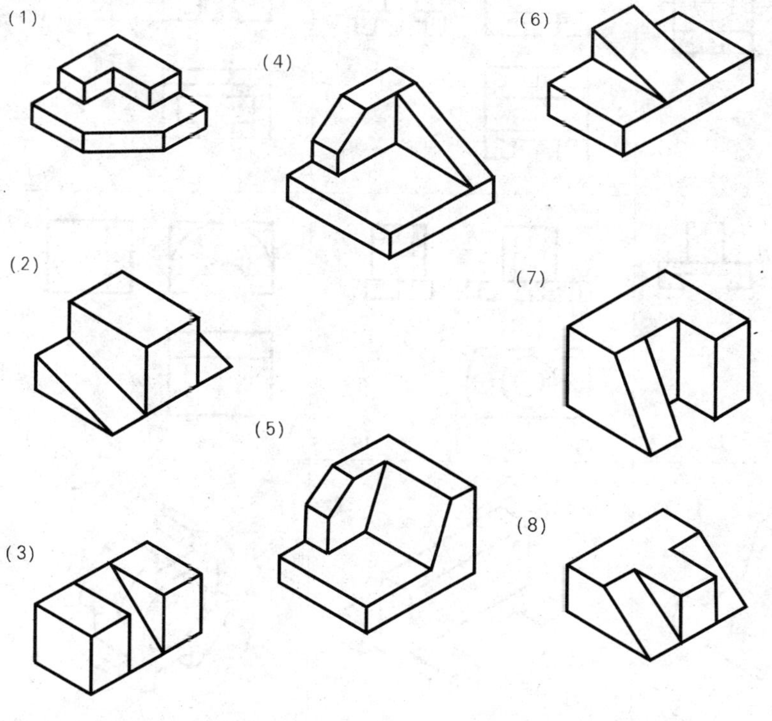


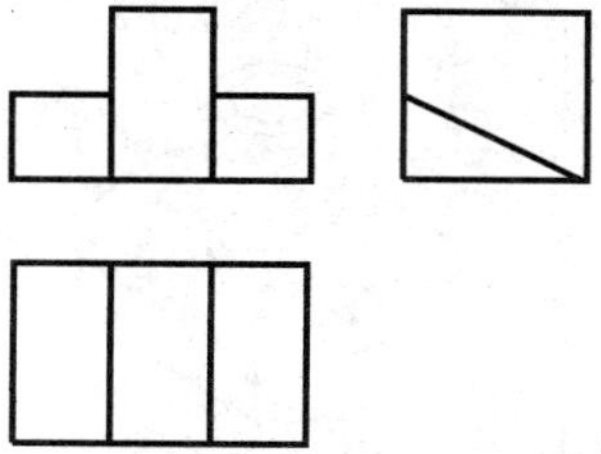

( )

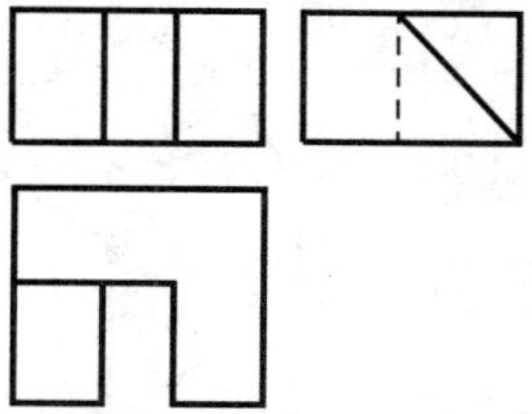

( )

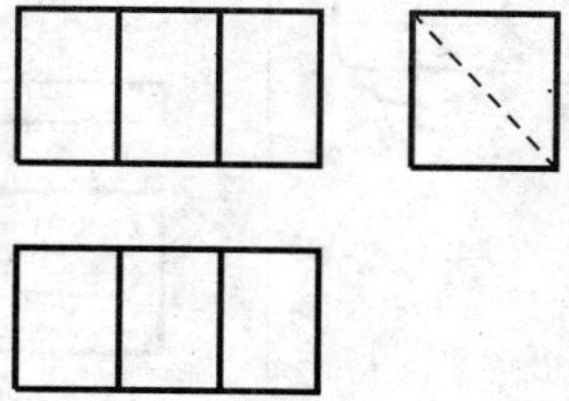

( )

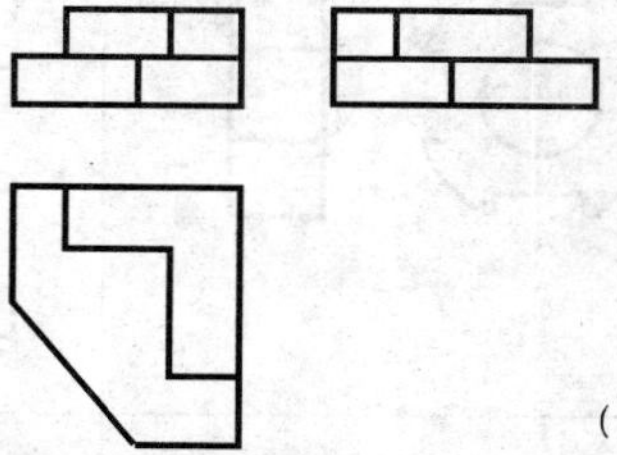

( )

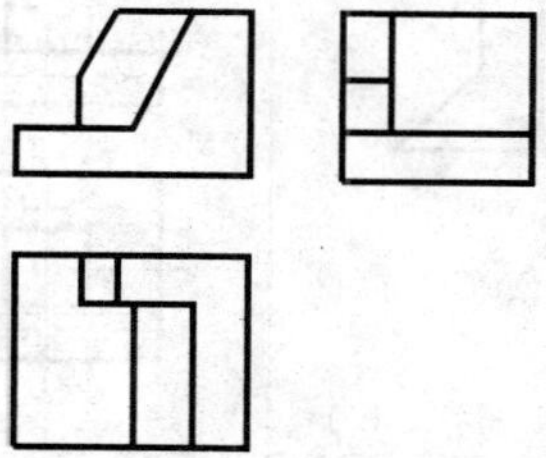

( )

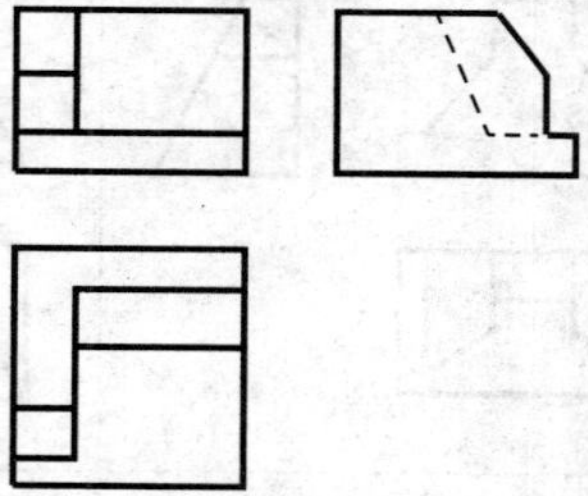

( )

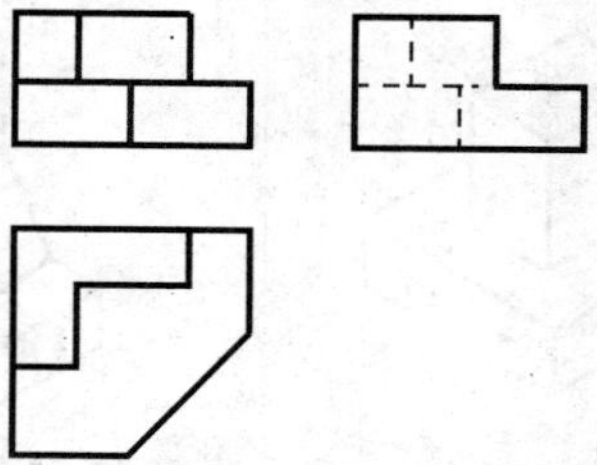

( )

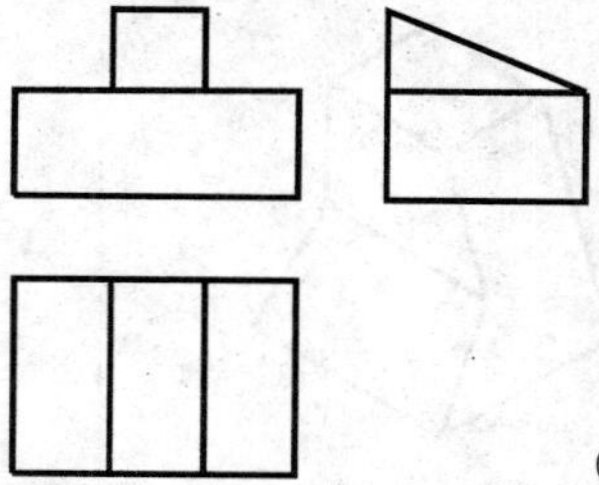

( )

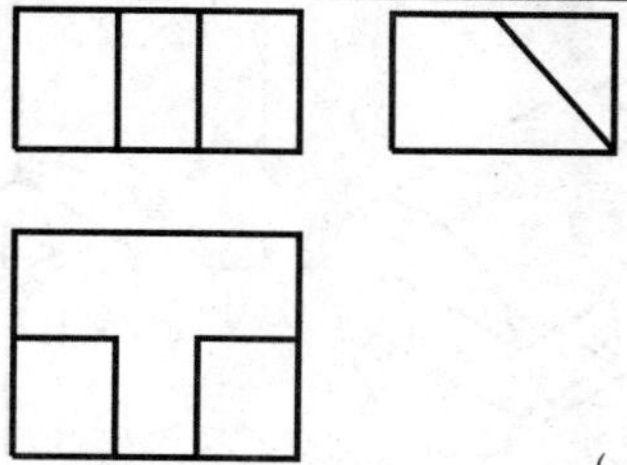

( )

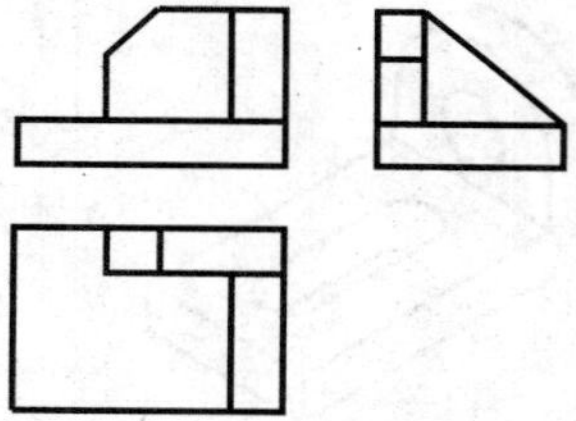

( )

| 2-2 读懂已知物体的三视图，了解其投影特征，确定对应的轴测图 | 班级 | | 学号 | | 姓名 | | 8 |
|---|---|---|---|---|---|---|---|

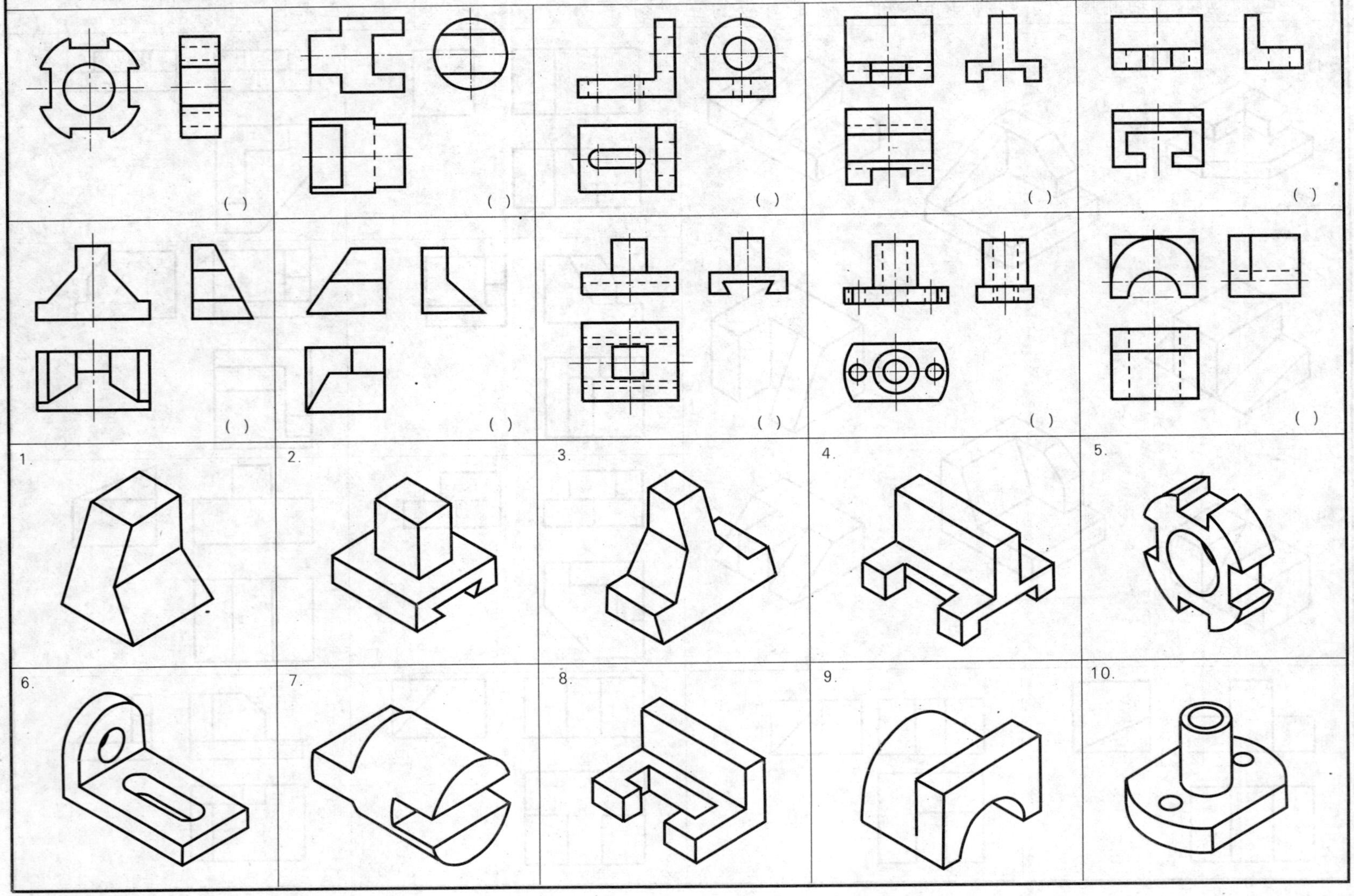

| 3-1 点的投影 | 班级 | | 学号 | | 姓名 | | 9 |
|---|---|---|---|---|---|---|---|

1.已知A、B两点的轴测图，作出三面投影，确定它们的坐标，并判断两点的相对位置。

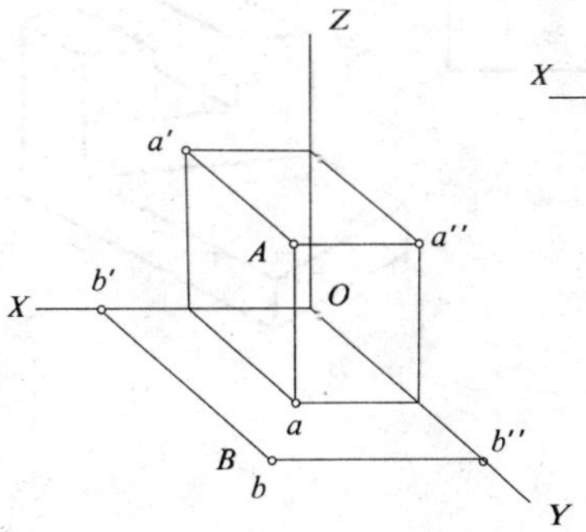


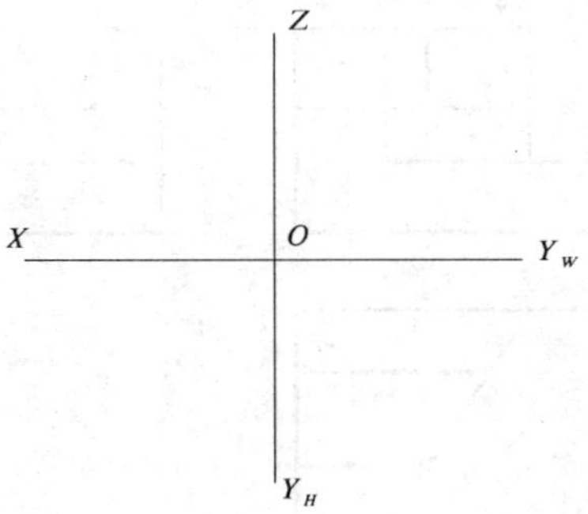


A、B两点的坐标

| | X | Y | Z |
|---|---|---|---|
| A | | | |
| B | | | |

A点在B点的____方
（上下、左右、前后）

3.已知A、B、C、D四点的两个投影，作出其第三投影。

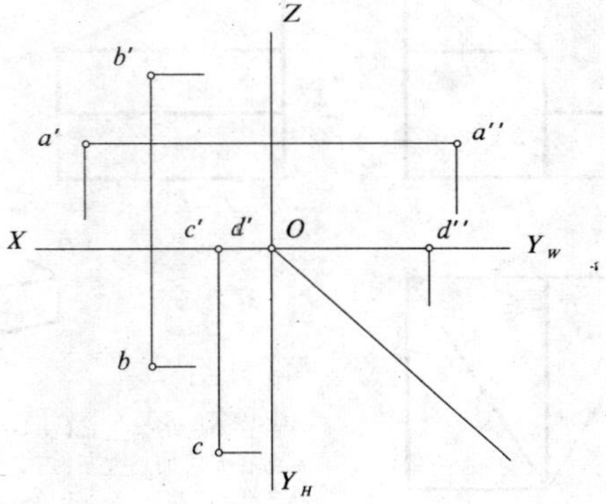


2.根据点A、B、C三点的相对位置，作出三点的三面投影和轴测图。

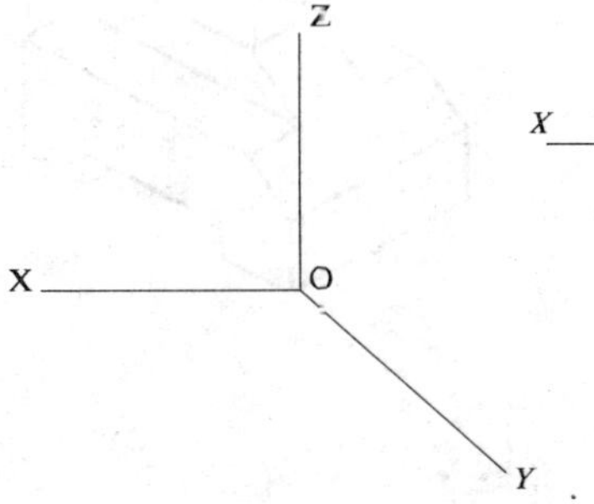


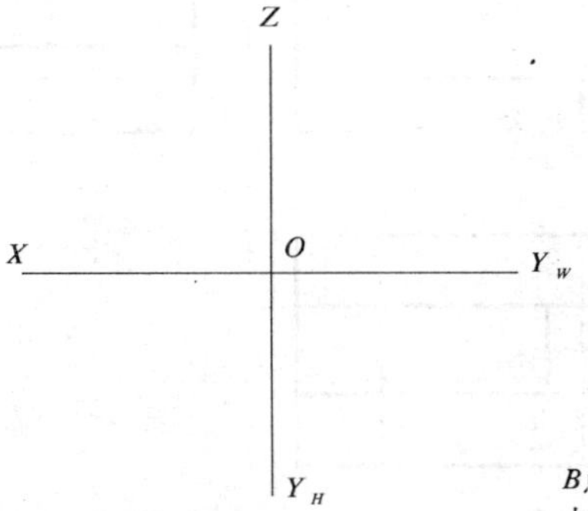


A、B、C三点的坐标

| | X | Y | Z |
|---|---|---|---|
| A | 30 | 15 | 20 |
| B | | | |
| C | | | |

B点在A点的右方30mm，上方10mm，前方10mm。C点在A点的左方5mm，下方10mm，后方10mm。

4.已知A点的三面投影及B、C两点的两面投影，作出它们的第三投影（不加投影轴）。

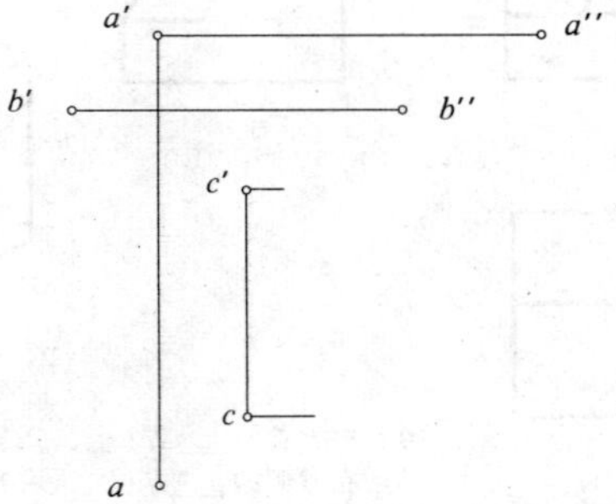

5.按照轴测图，在投影图上标出A、B、C、D的三面投影，并判明A、B两点相对位置。

(1)

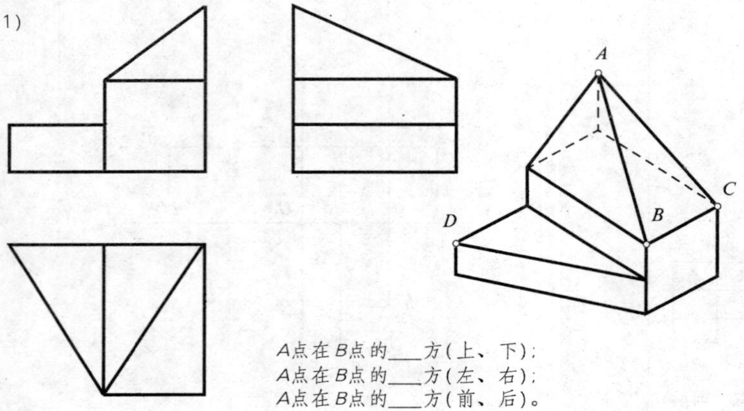


A点在B点的___方(上、下)；
A点在B点的___方(左、右)；
A点在B点的___方(前、后)。

(2)

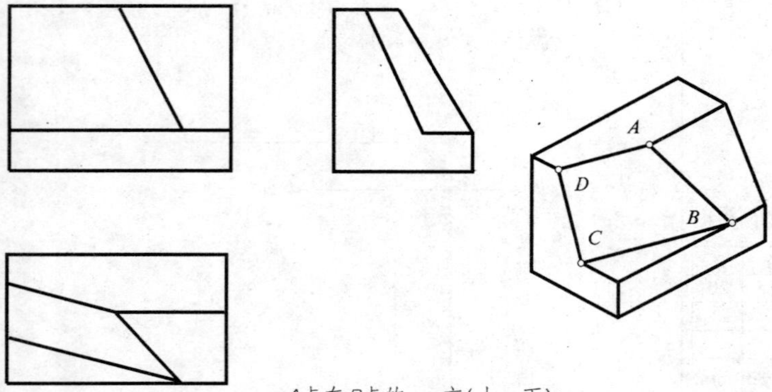


A点在B点的___方(上、下)；
A点在B点的___方(左、右)；
A点在B点的___方(前、后)。

6.在投影图上标出A、B、C、D各点的第三投影，在轴测图中标出它们的位置，并判明A、B两点相对位置。

(1)

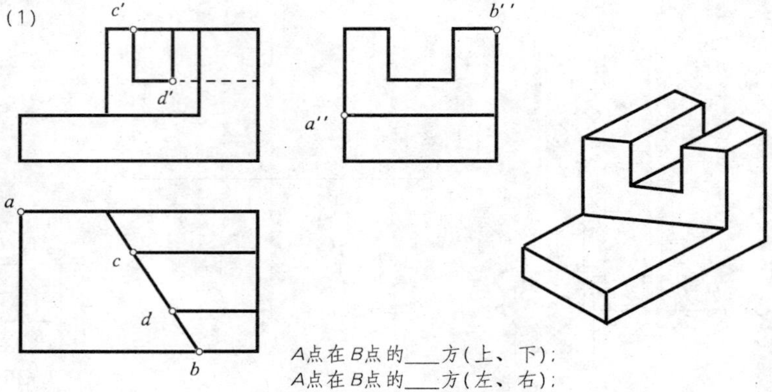


A点在B点的___方(上、下)；
A点在B点的___方(左、右)；
A点在B点的___方(前、后)。

(2)

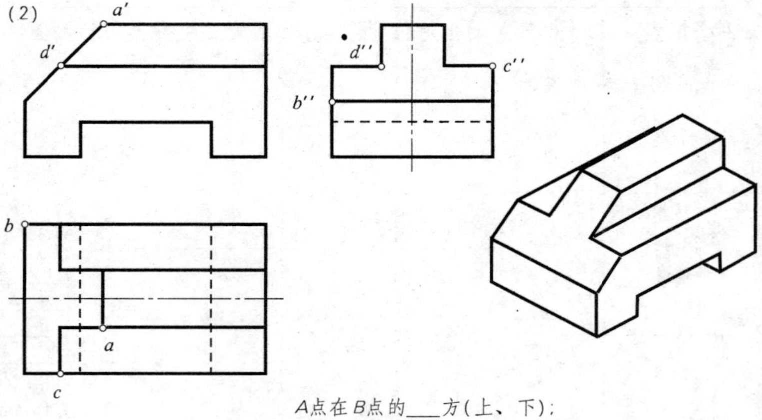


A点在B点的___方(上、下)；
A点在B点的___方(左、右)；
A点在B点的___方(前、后)。

| 4-1 直线的投影 | 班级 | | 学号 | | 姓名 | |  |
|---|---|---|---|---|---|---|---|

1. 判断下列各线段属于何种位置直线，作出第三投影，并注明其与三投影面的夹角(用α、β、γ表示)。

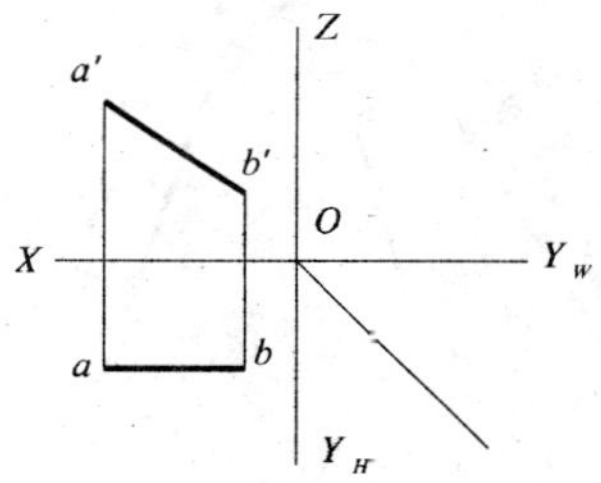


直线AB是 ____ 线

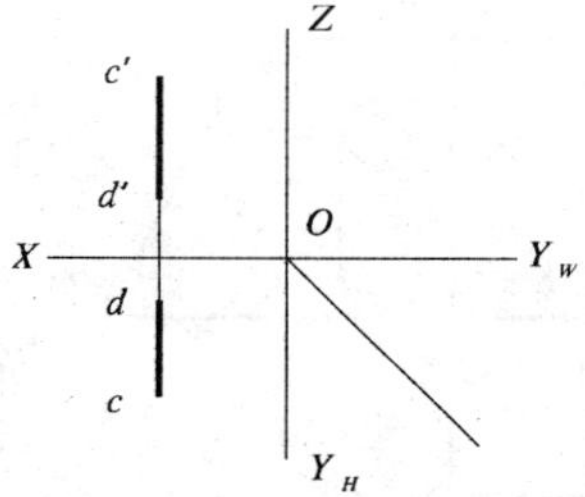


直线CD是 ____ 线

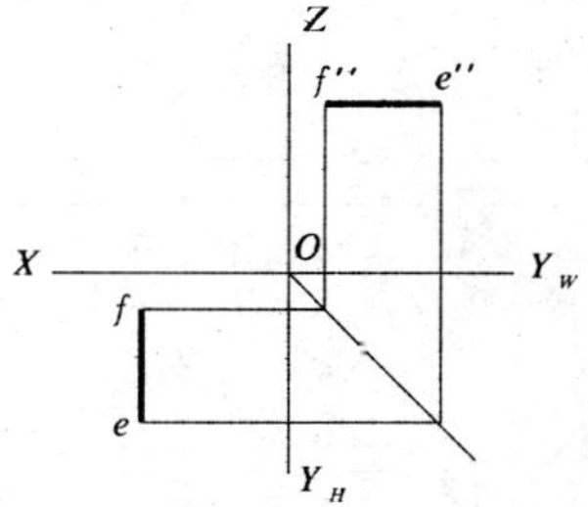


直线EF是 ____ 线

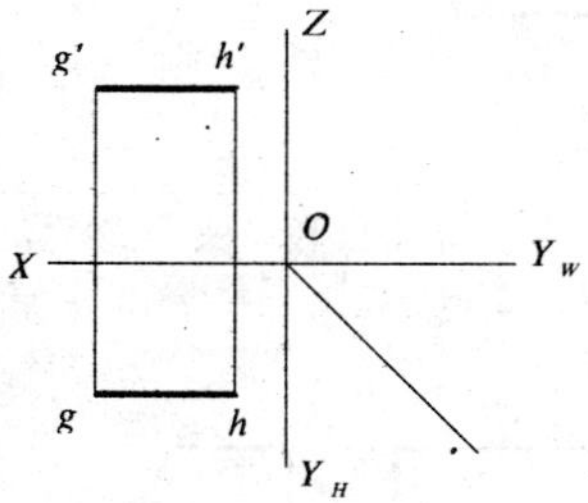


直线GH是 ____ 线

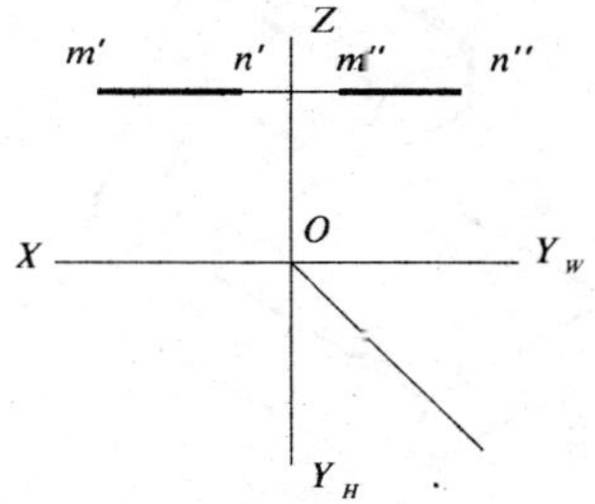


直线MN是 ____ 线

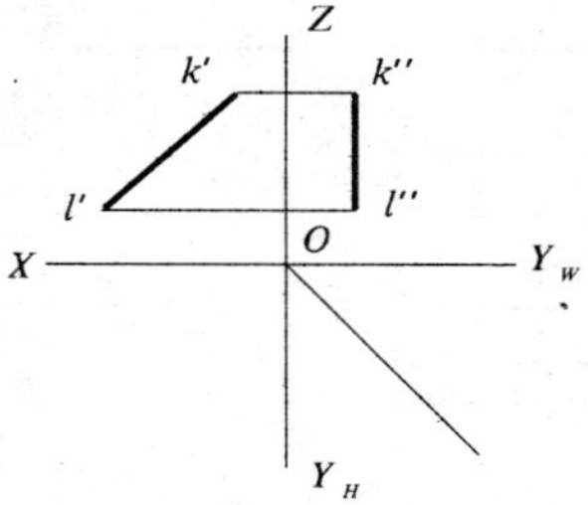


直线KL是 ____ 线

2. 已知线段AB、CD的两投影，画出它们的第三投影，并在下面空格内填写出其名称和对各投影面的相对位置(用符号表示：平行“∥”，垂直“⊥”，倾斜“∠”)。

(1)

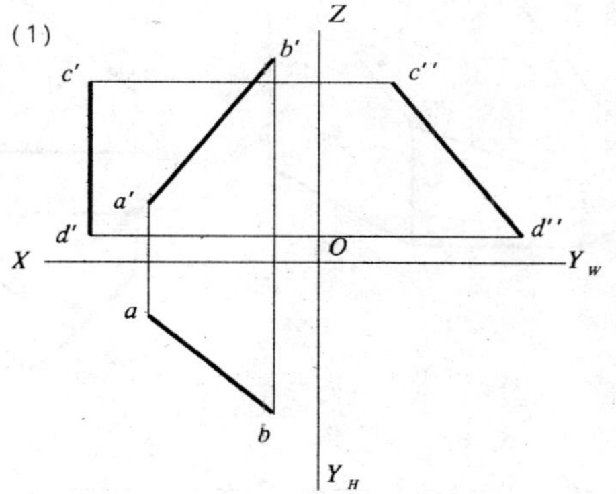


AB是 ____ 线，CD是 ____ 线。

AB: ___V、___H、___W，CD: ___V、___H、___W。

(2)

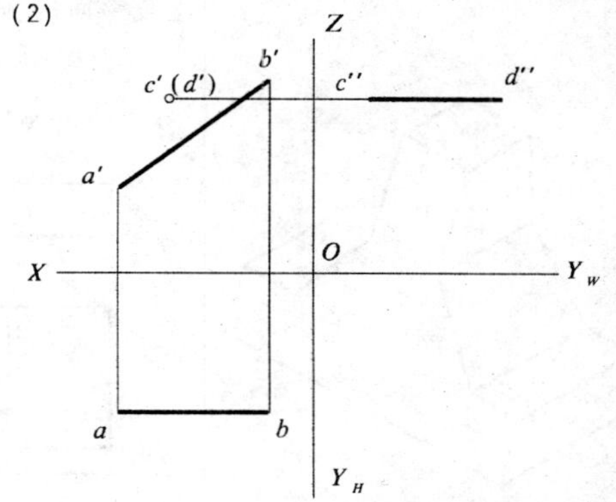


AB是 ____ 线，CD是 ____ 线。

AB: ___V、___H、___W，CD: ___V、___H、___W。

3. 已知线段AB为水平线，C为该线段上点。根据给出的投影，画出线段AB和点C的正面投影和侧面投影。

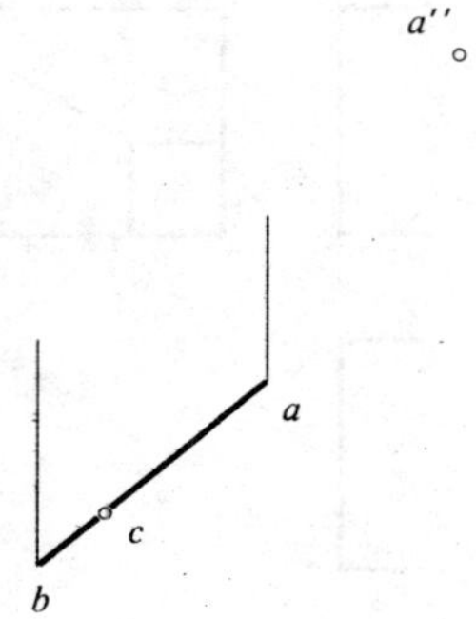


4. 已知线段DE的水平投影，画出它的正面投影和侧面投影。

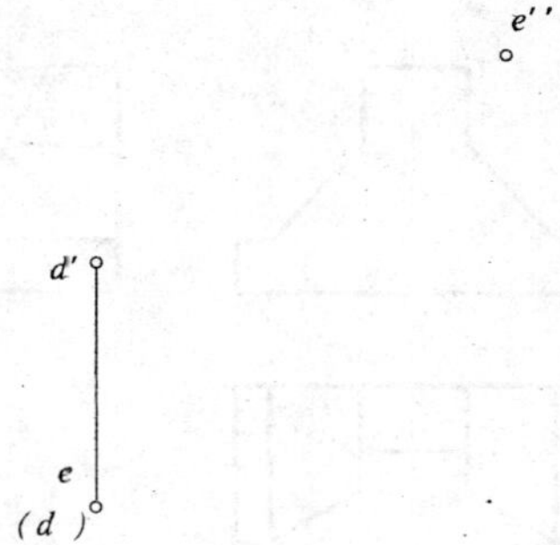

5.根据轴测图，在三面投影图中标出点A、B、C、D、E、F的三面投影，并判断各指定线段对投影面的相对位置。

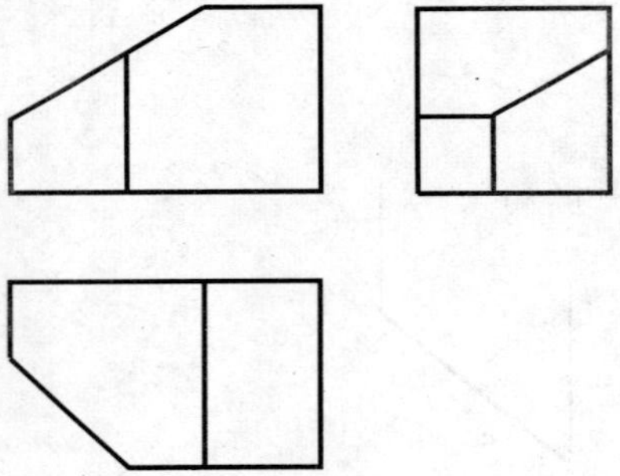

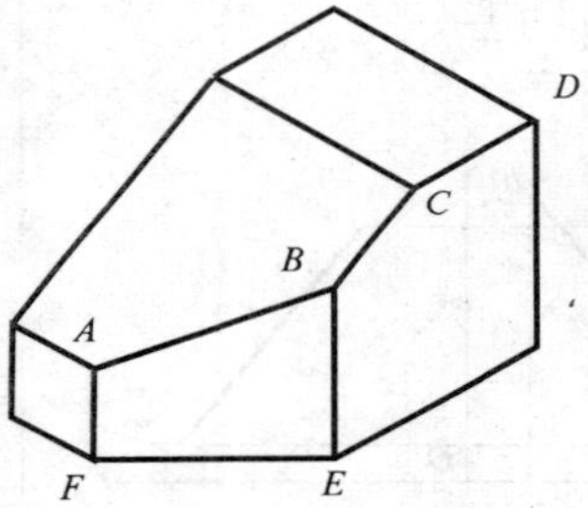


AB是 ____ 线，CD是 ____ 线；

AF是 ____ 线，BC是 ____ 线；

EF是 ____ 线，BE是 ____ 线。

6.根据轴测图，在三面投影图中标出点A、B、C、D、E、F、G、H的三面投影，并判断各指定线段对投影面的相对位置。

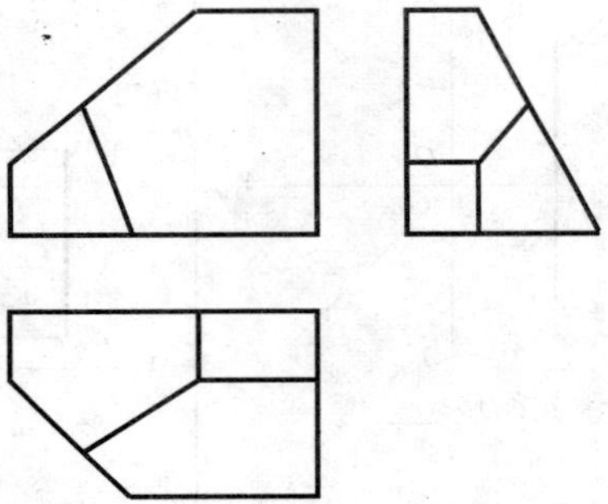

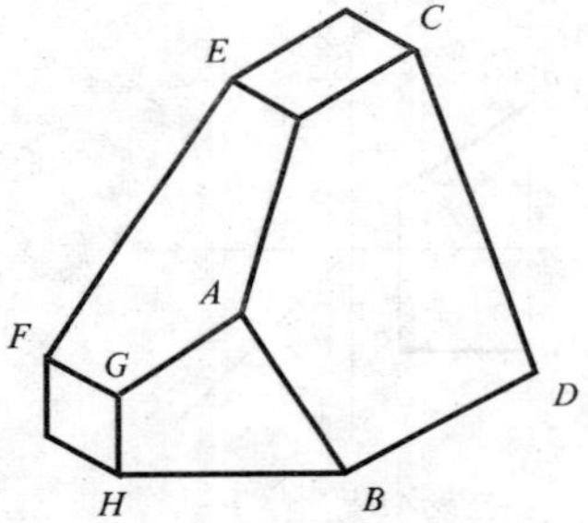


AB是 ____ 线，CD是 ____ 线；

AG是 ____ 线，FG是 ____ 线；

EF是 ____ 线，GH是 ____ 线。

7.在三面投影中，标出线段AB、CD、BE的三面投影，在轴测图中标出端点A、B、C、D、E的位置(用大写字母标出)，并填写线段AB、CD、BE的名称和对各投影面的相对位置。

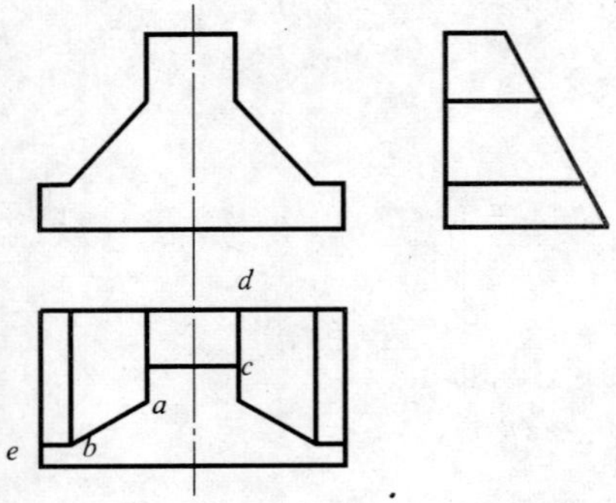


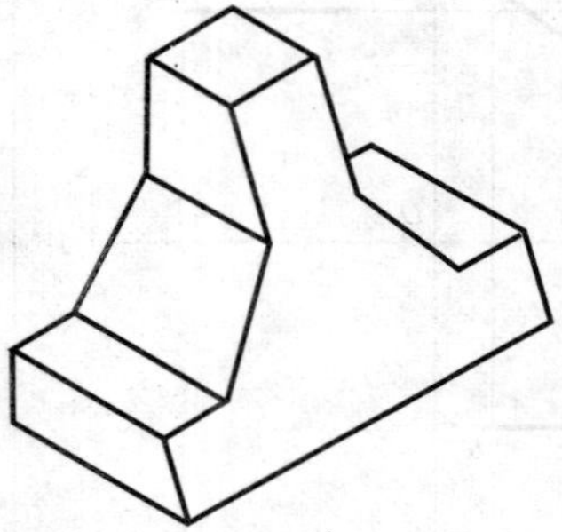

AB是 ____ 线，CD是 ____ 线，BE是 ____ 线。

AB: ____ V、____ H、____ W，CD: ____ V、____ H、____ W。

8.在三面投影中，标出线段AB、CD的第三投影，在轴测图中标出端点A、B、C、D的位置(用大写字母标出)，并填写线段AB、CD的名称和对各投影面的相对位置。

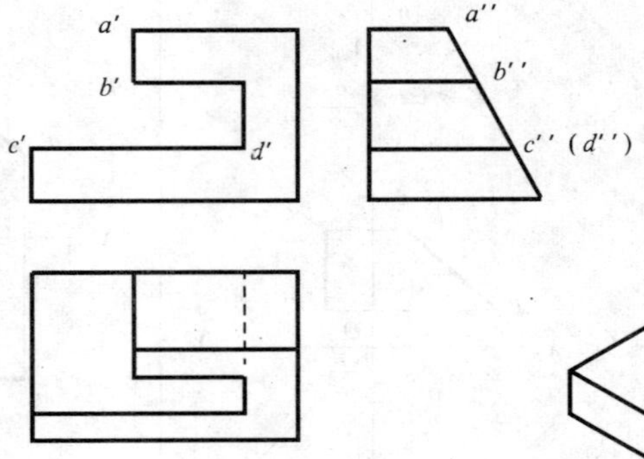


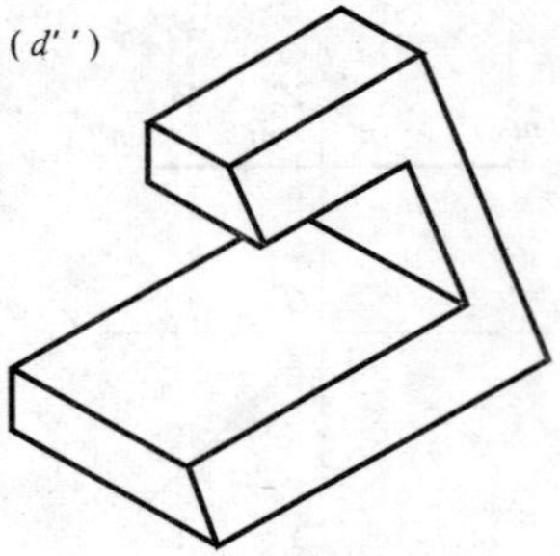

AB是 ____ 线，CD是 ____ 线。

AB: ____ V、____ H、____ W，CD: ____ V、____ H、____ W。

9.过A点作水平线AB,已知AB的实长为20mm,直线AB与V面的倾角为30°,试完成其两面投影,并判断有几个解(画出一个解)。

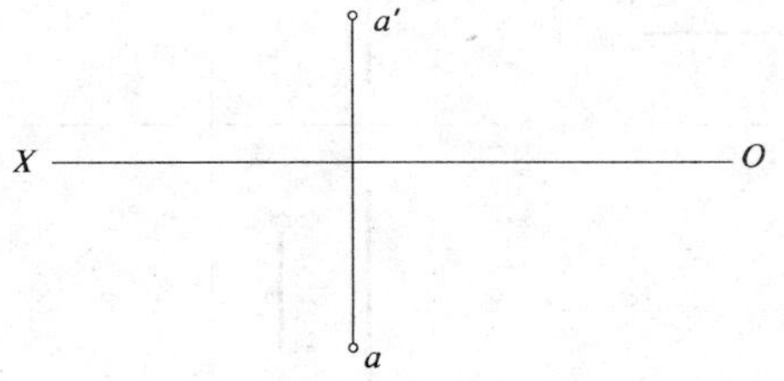


10.用直角三角形法求直线AB的实长及对V面和H面的倾角。

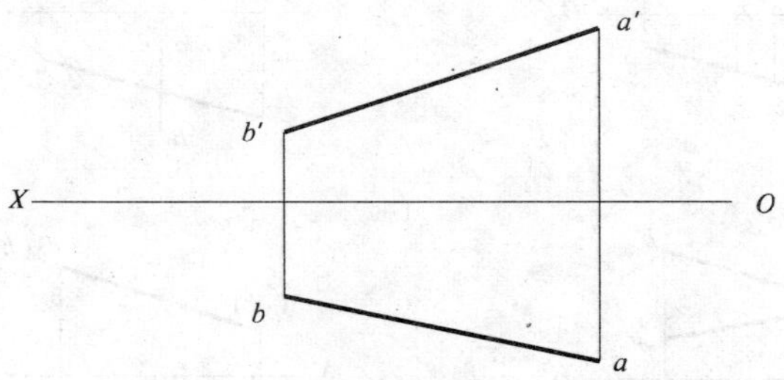


11.已知a′、b′、b″,AB =30mm,A在B的前方,完成AB的三面投影。

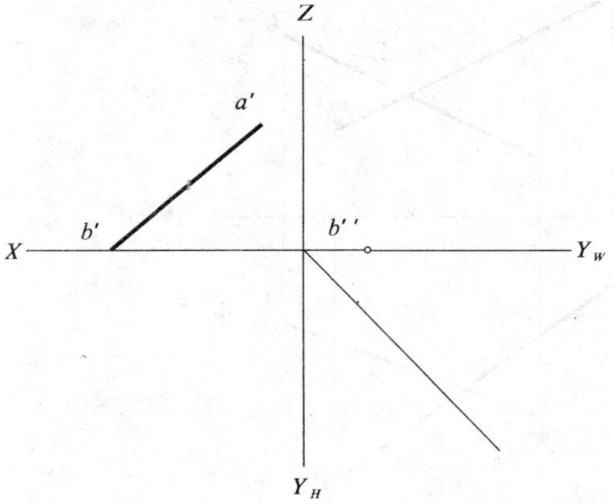


12.已知直线AB=BD,A在B的前方,完成AB直线的水平投影。

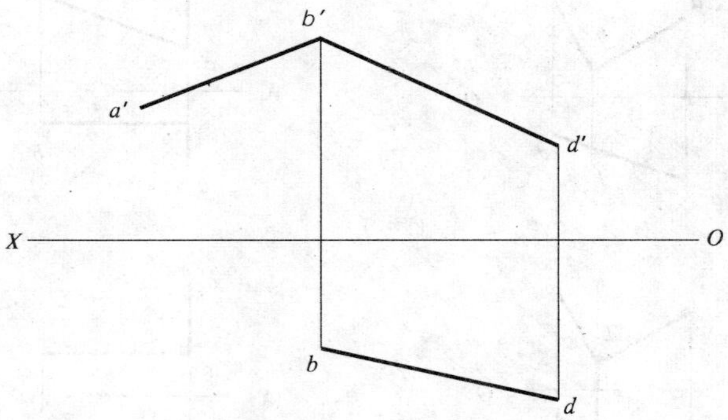

| 4-2 两直线的相对位置 | 班级 | | 学号 | | 姓名 | | 14 |
|---|---|---|---|---|---|---|---|

1.判断两直线AB和CD的相对位置(平行/相交/交叉)。

(1)

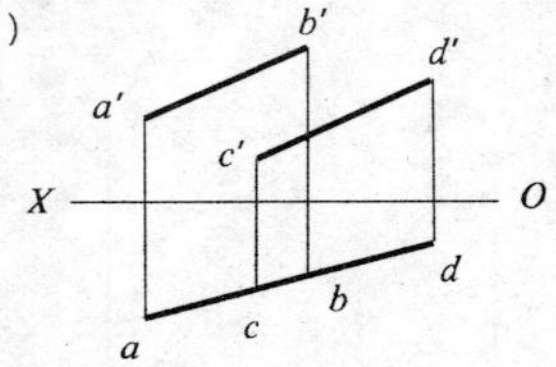


(　　)

(2)

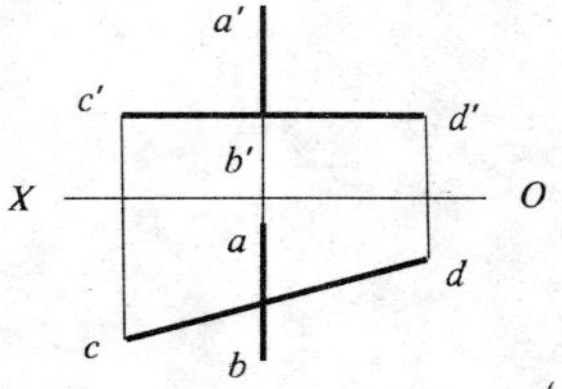


(　　)

(3)

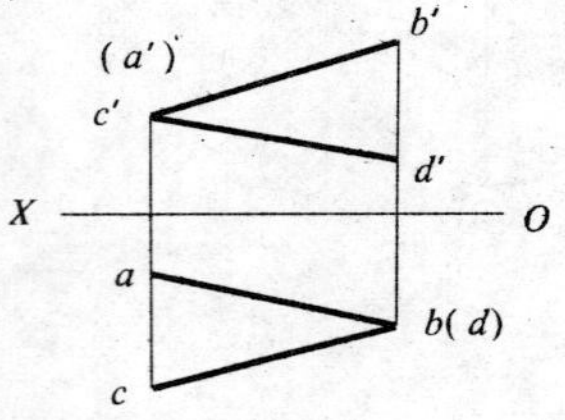


(　　)

(4)

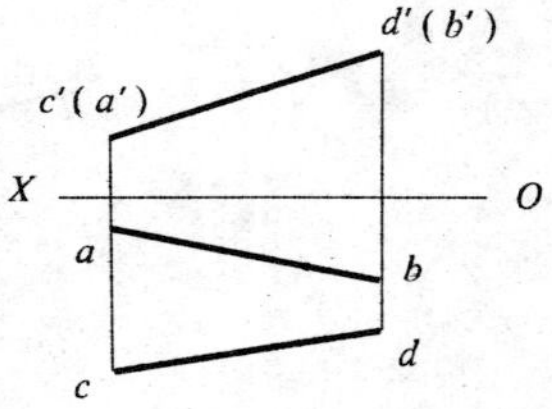


(　　)

2.判断两直线AB和CD的相对位置(平行/交叉)。

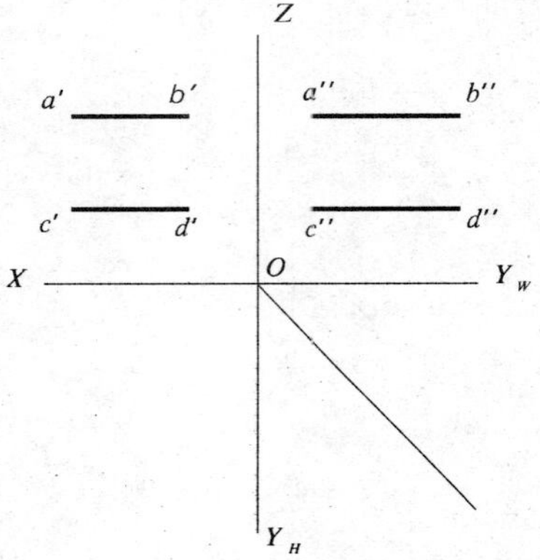


(　　)

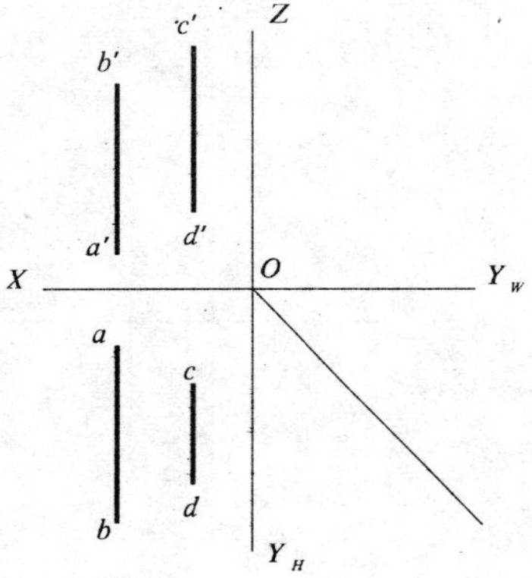


(　　)

3.判断下面两直线是否垂直。

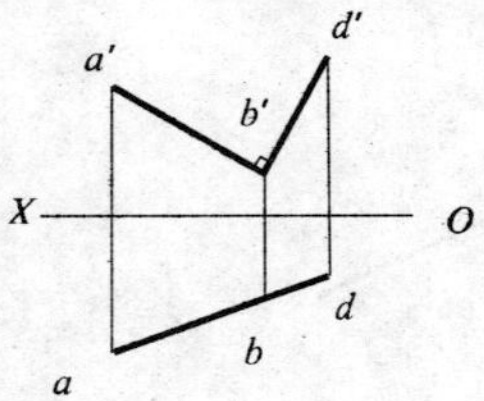


(　　)

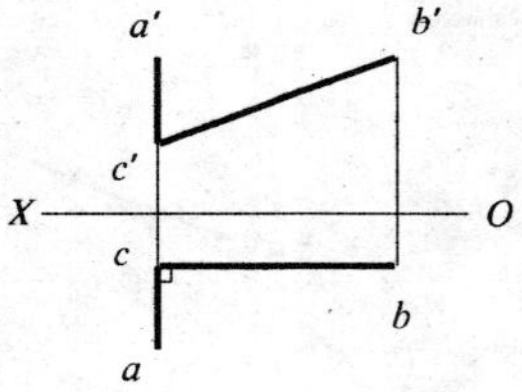


(　　)

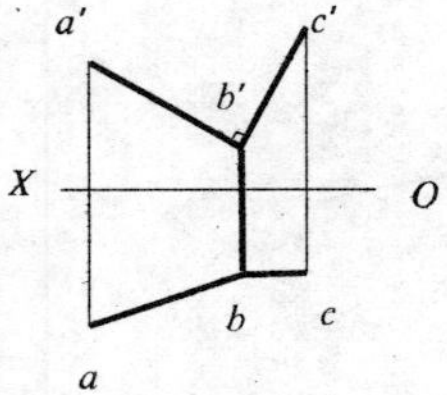


(　　)

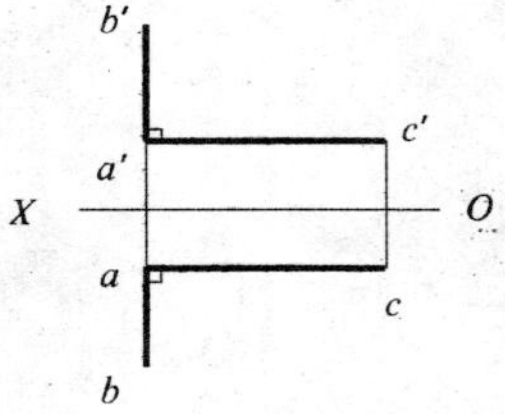


(　　)

4.标出下列两直线的重影点的正面及水平投影(不可见点加括号表示)。

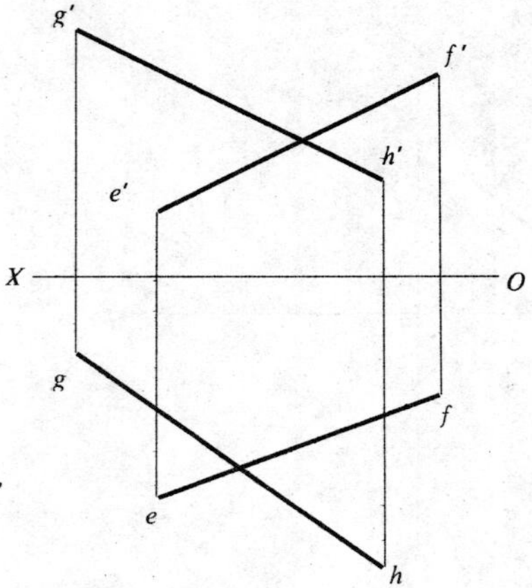

## 5-1 平面的投影

班级　　学号　　姓名　　

1.已知平面的两个投影，求作第三投影，标注与三投影面的倾角α、β、γ，并判断与投影面的相对位置。

(1)

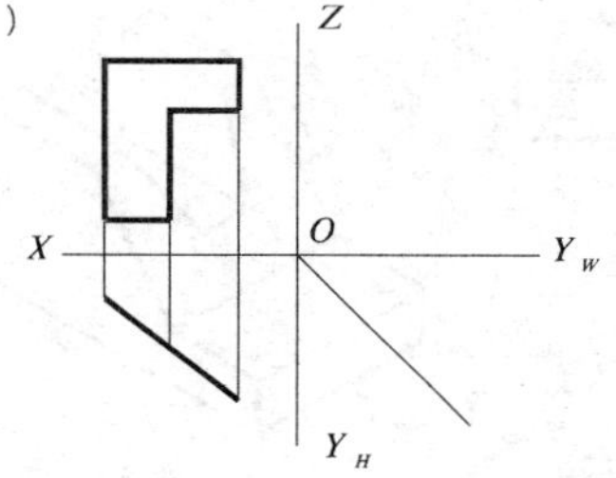


______面

(2)

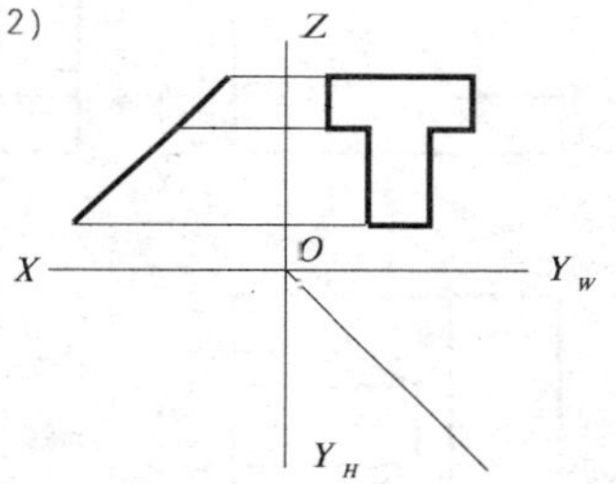


______面

(3)

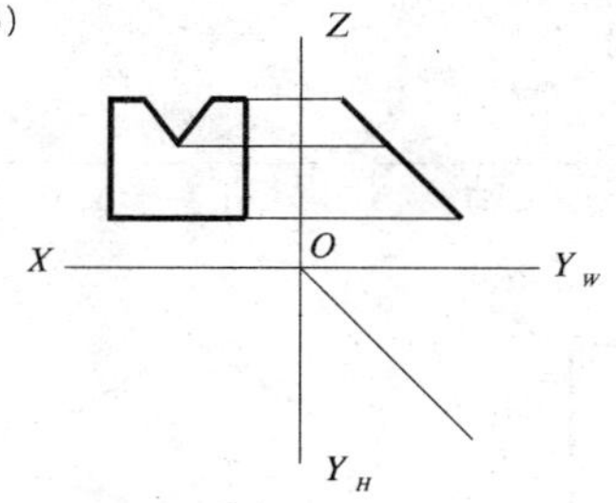


______面

(4)

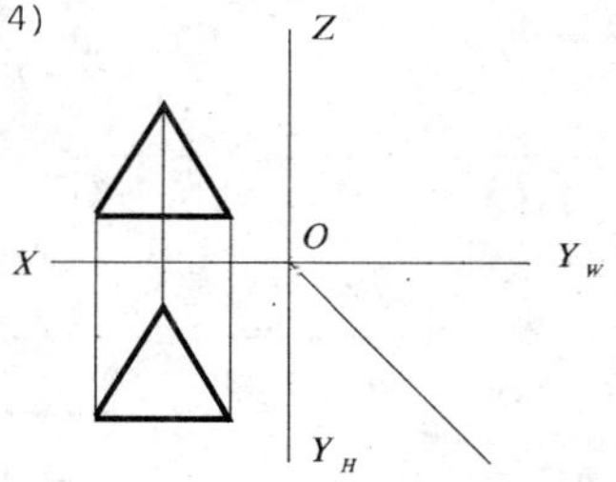


______面

(5)

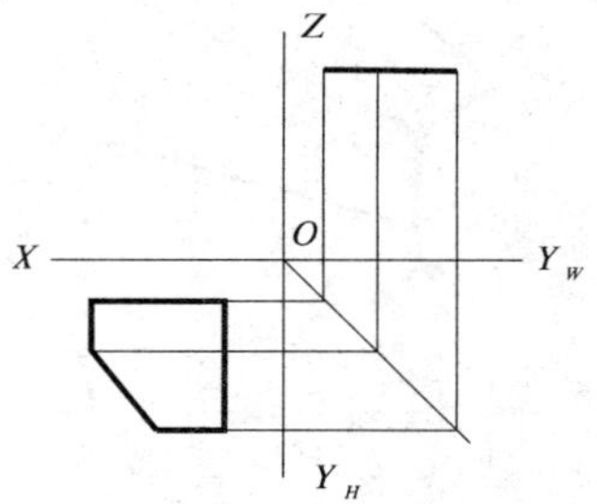


______面

(6)

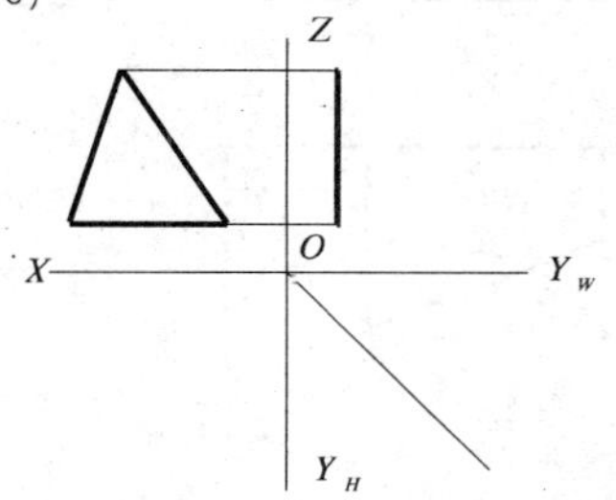


______面

2.作△ABC的侧面投影，并画出其轴测图。

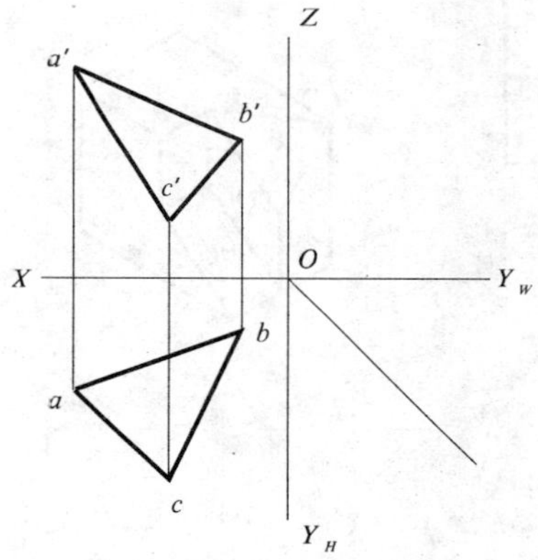


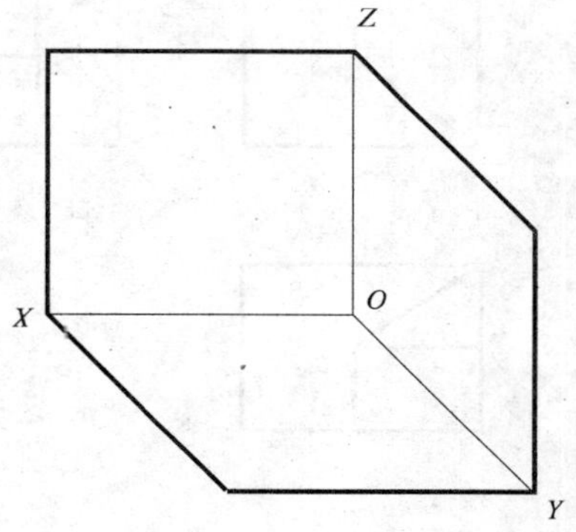


3.根据已知条件，完成平面ABEDC的三面投影。

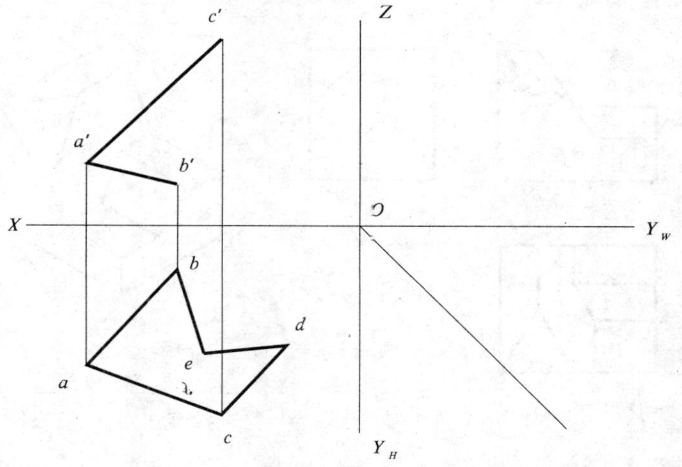

4.根据轴测图中平面的位置，在投影图上标出平面的三面投影，并判明相对位置。

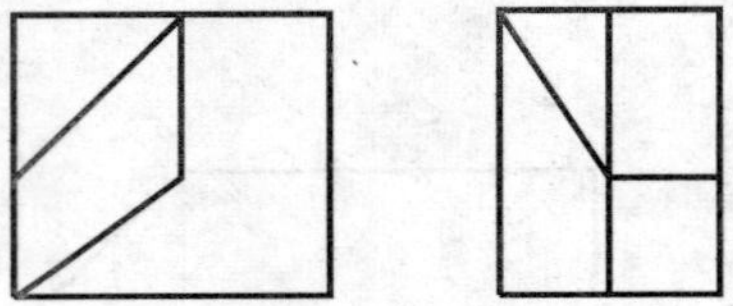
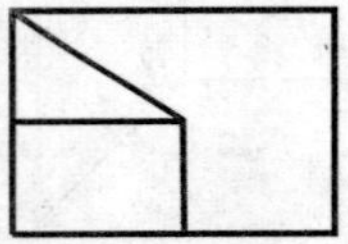
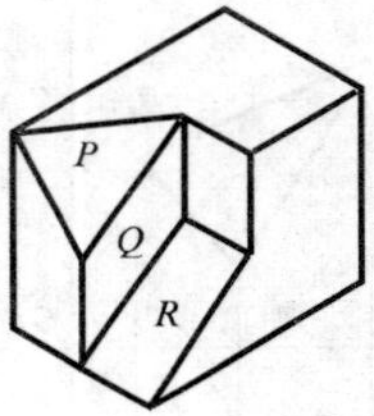


P是___面，与V面___、H面___、W面___；

Q是___面，与V面___、H面___、W面___；

R是___面，与V面___、H面___、W面___。

5.在投影图上标出平面的第三投影，在轴测图中标明各平面的位置，并判明其相对位置。

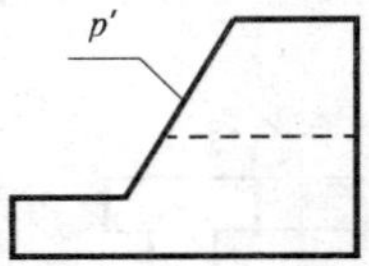

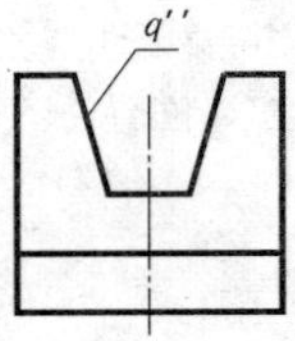

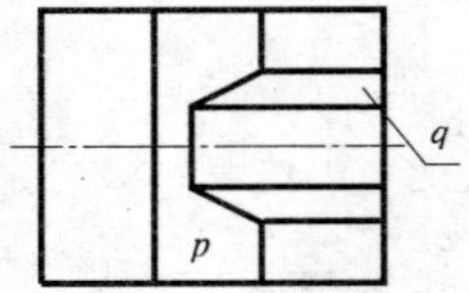

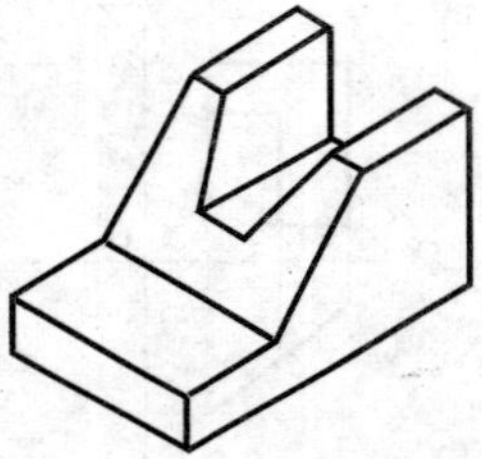

P是___面，与V面___、H面___、W面___；

Q是___面，与V面___、H面___、W面___。

6.根据轴测图中平面的位置，在投影图上标出平面的三面投影，并判明相对位置。

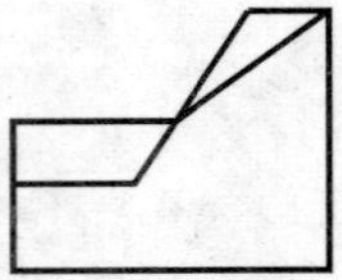
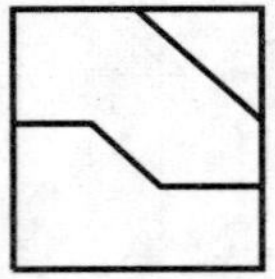
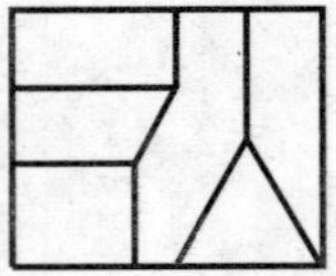
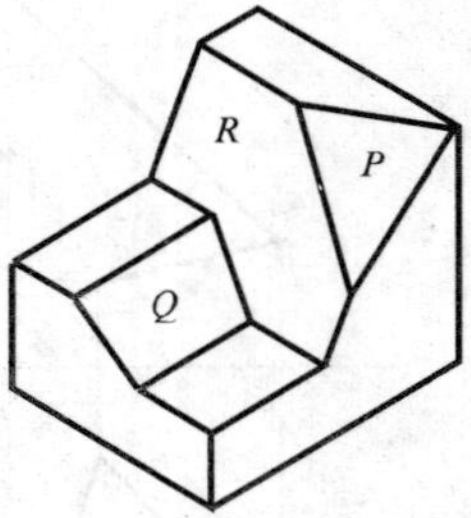


P是___面，与V面___、H面___、W面___；

Q是___面，与V面___、H面___、W面___；

R是___面，与V面___、H面___、W面___。

7.在投影图上标出平面的第三投影，在轴测图中标明各平面的位置，并判明其相对位置。

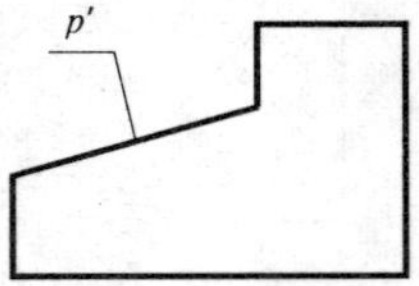

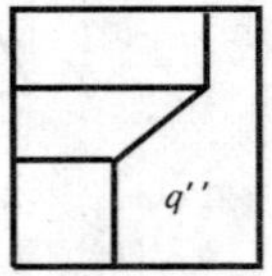

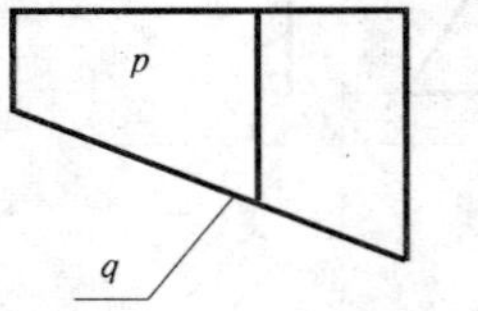

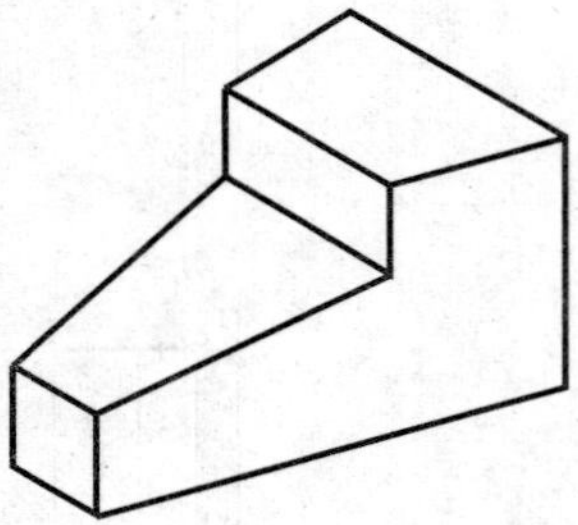

P是___面，与V面___、H面___、W面___；

Q是___面，与V面___、H面___、W面___。

1.已知平面上的点$K$的一个投影，作出该平面的第三投影和点$K$的另外两投影。

(1)

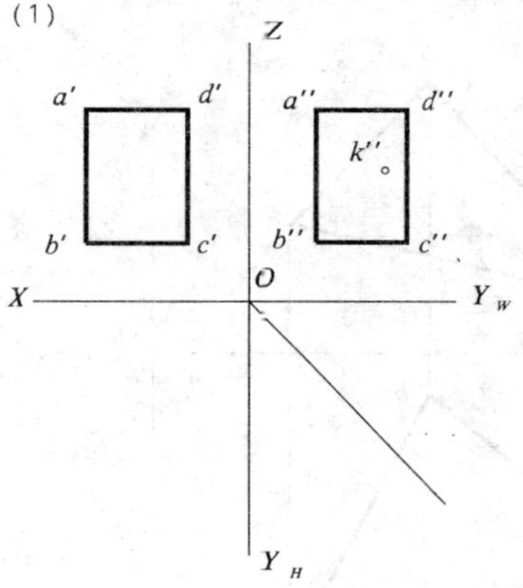


(2)

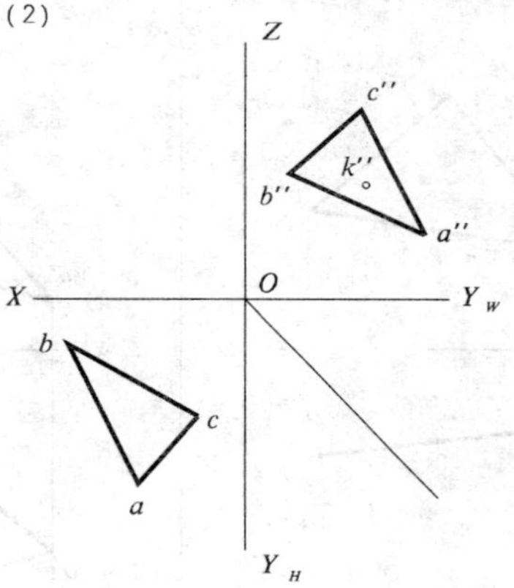


2.已知平面$ABCDE$的一个投影，作出其另一投影。

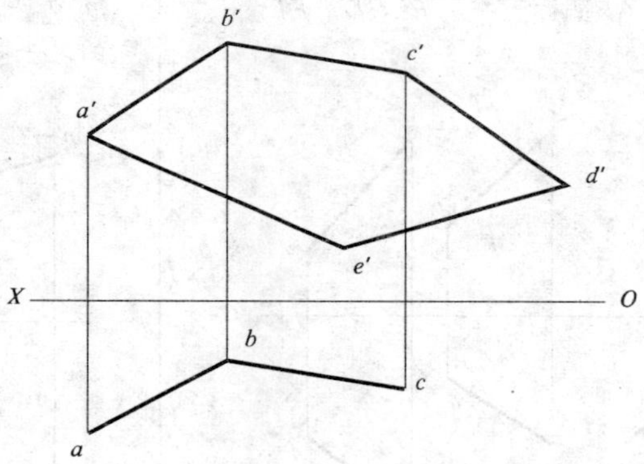


3.判断点$K$是否在平面上(是/否)。

(1)

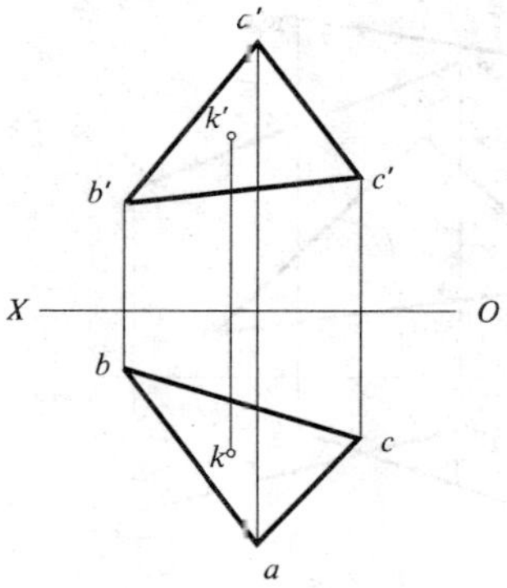


(  )

(2)

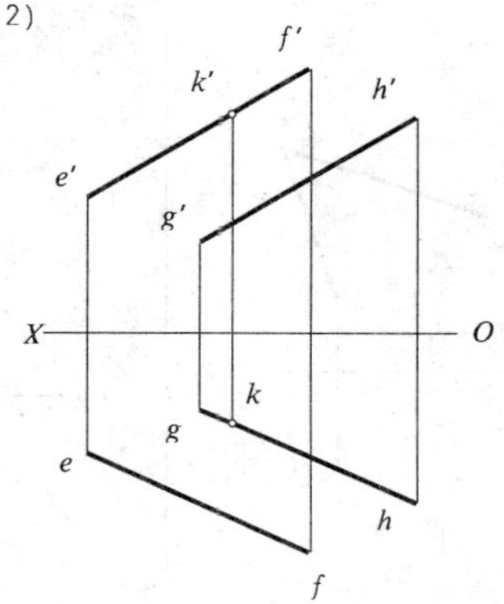


(  )

4.已知直线$CD$为正平线，完成平面$ABCD$的水平投影。

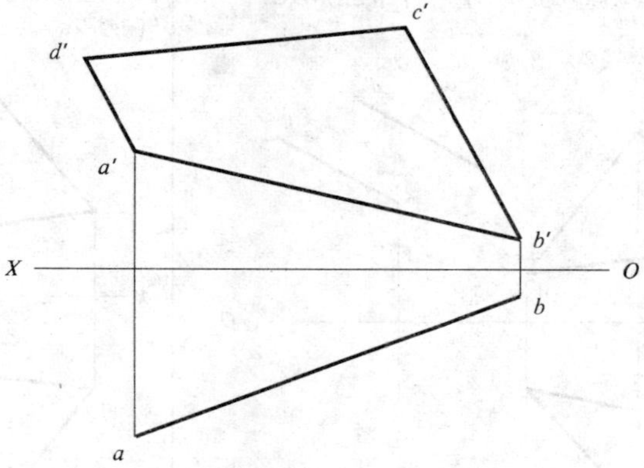

| 6-1 平行关系 | 班级 | | 学号 | | 姓名 | | 18 |
|---|---|---|---|---|---|---|---|

1. 已知直线*AB*平行于平面*P*(*CD*∥*EF*)，完成直线的投影。

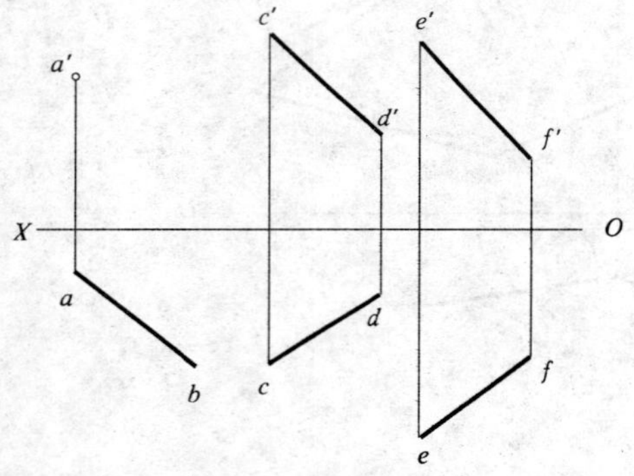


2. 已知△*ABC*平行于直线*MN*，求作它的另一投影。

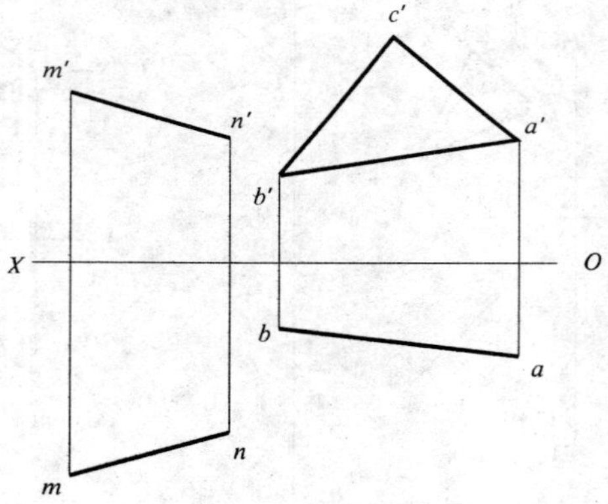


3. 过点*K*作一直线与△*ABC*和*V*面平行。

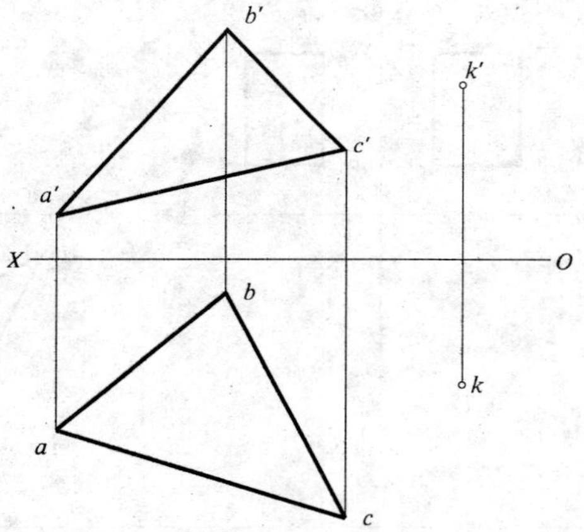


4. 已知平面*P*(*DE*∥*FG*)平行于△*ABC*，完成平面*P*的投影。

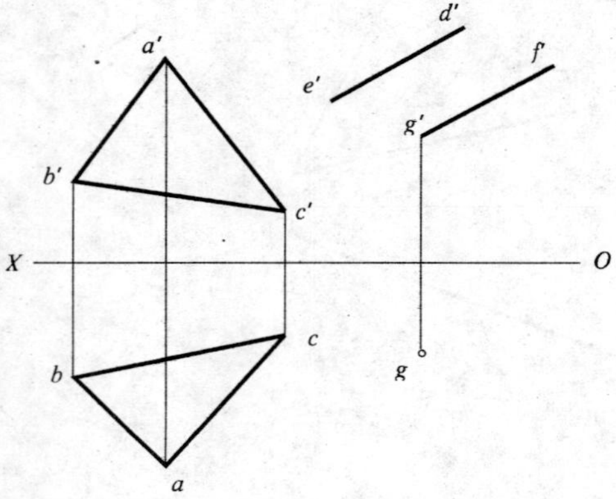


5. △*ABC*和△*DEF*相互平行，完成△*DEF*的投影。

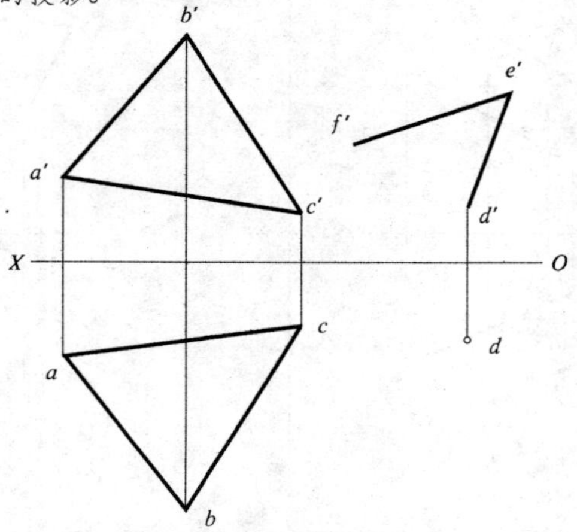


6. △*ABC*平行于直线*DE*和*FG*，画出它的水平投影。

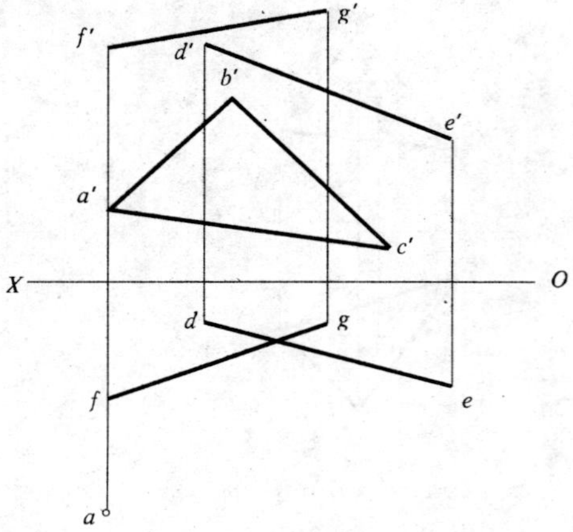

1. 求直线$EF$与$\triangle ABC$的交点$K$，并判别可见性。

(1)

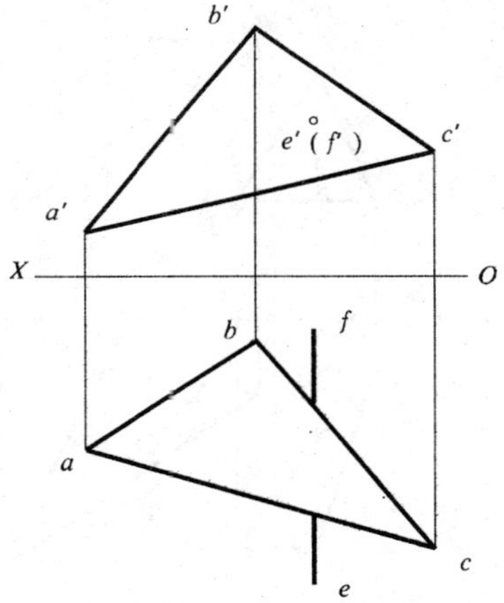


(2)

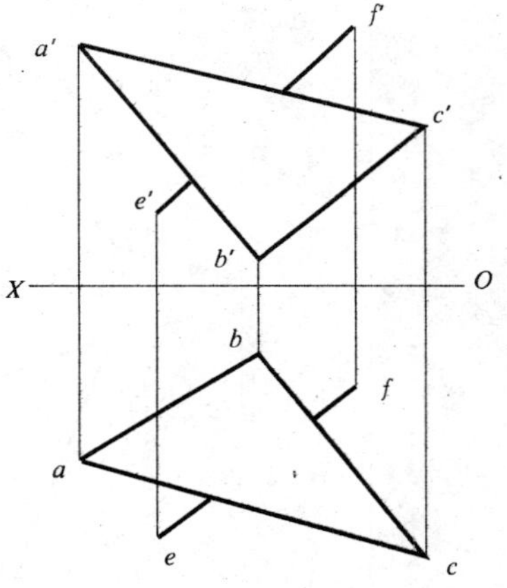


2. 求直线$MN$和$\triangle ABC$的交点。

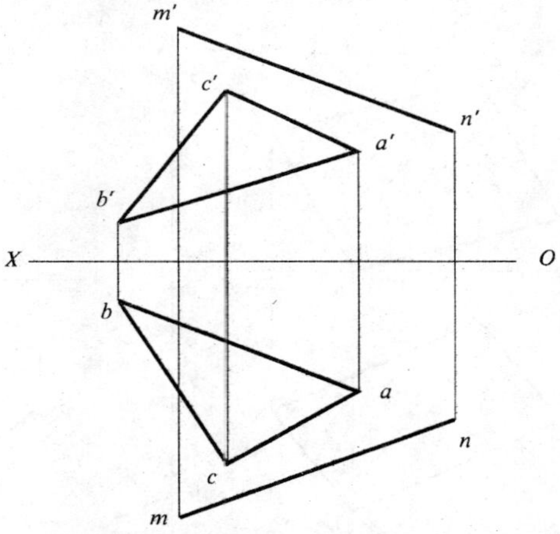


3. 作出两平面的交线，并判别可见性。

(1)

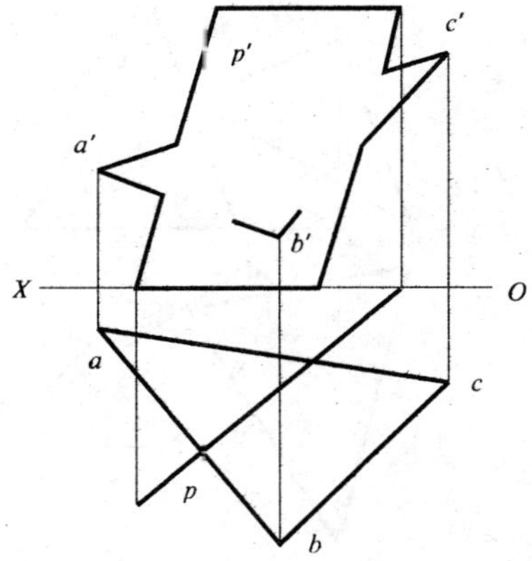


(2)

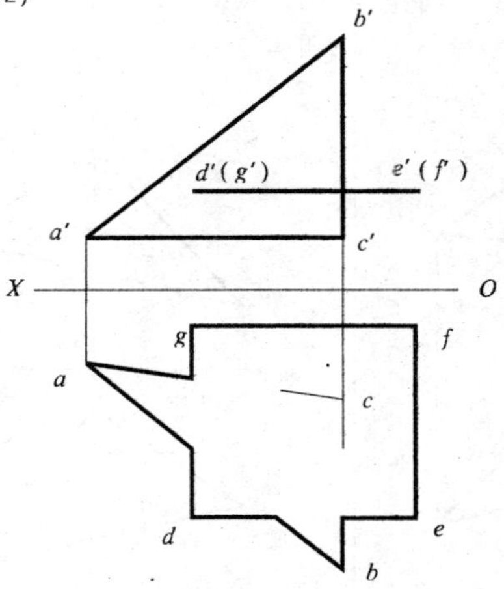


4. 求作两三角形的交线，并判别可见性。

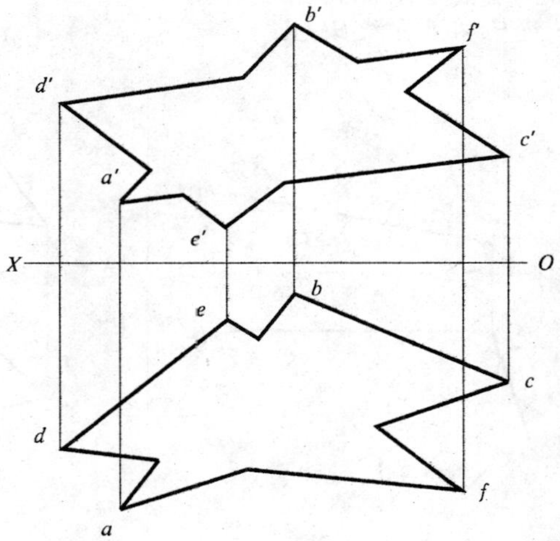

1.过平面ABCD的中心作该平面的垂线。

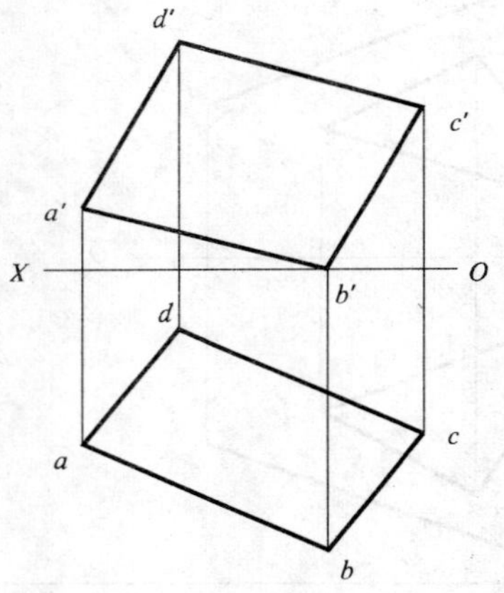


2.过点A作一平面垂直于直线AB。

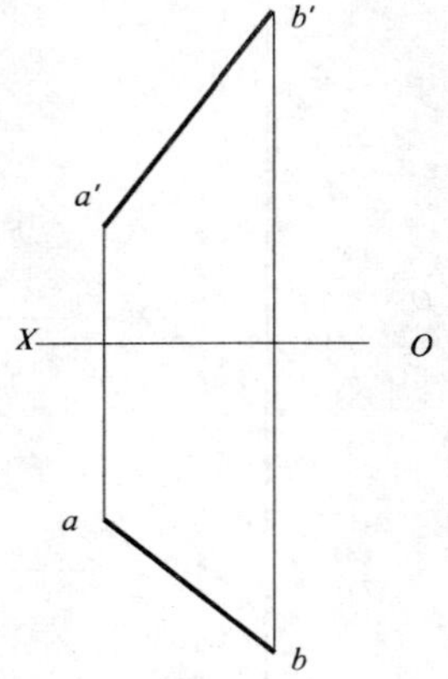


3.过点M作一直线与已知平面垂直。

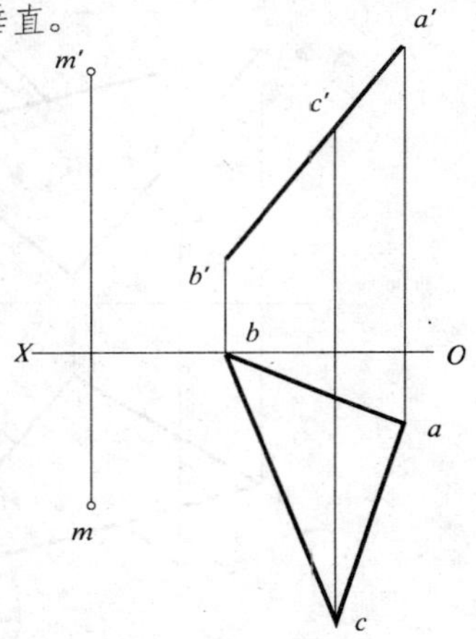


4.判断两平面是否垂直。

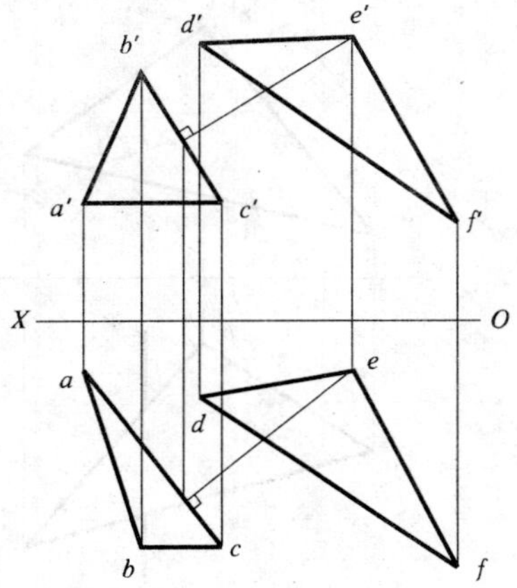


(　　)

5.试完成正方形ABCD的投影，其一边BC在正平线BM上。

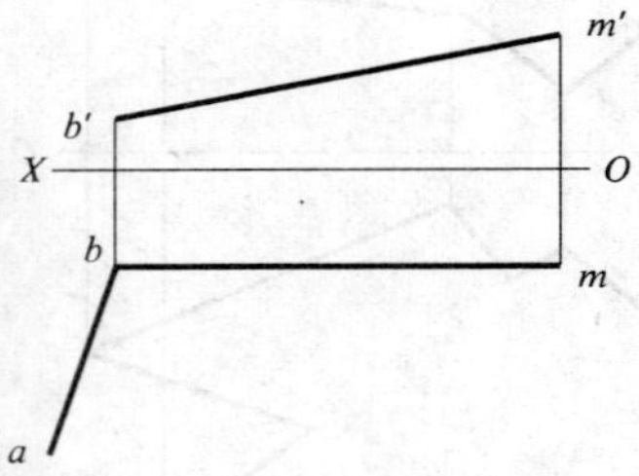


6.求点K到△ABC的空间距离。

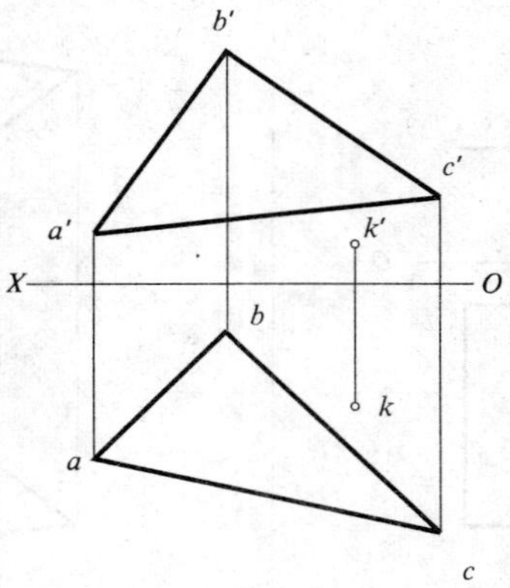


7.求平面ABC与V面所成倾角。

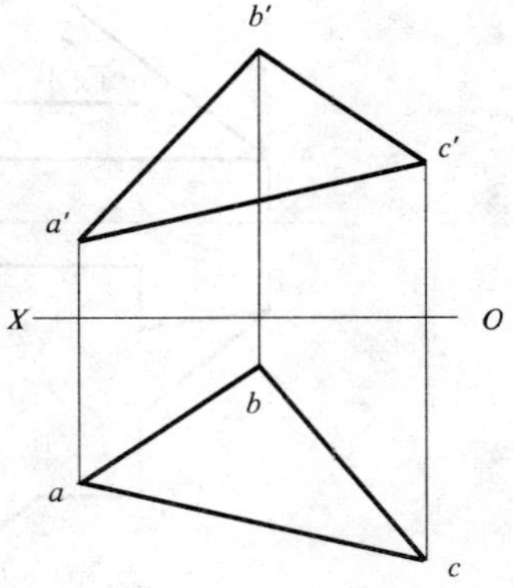


8.判断两平面是否垂直。

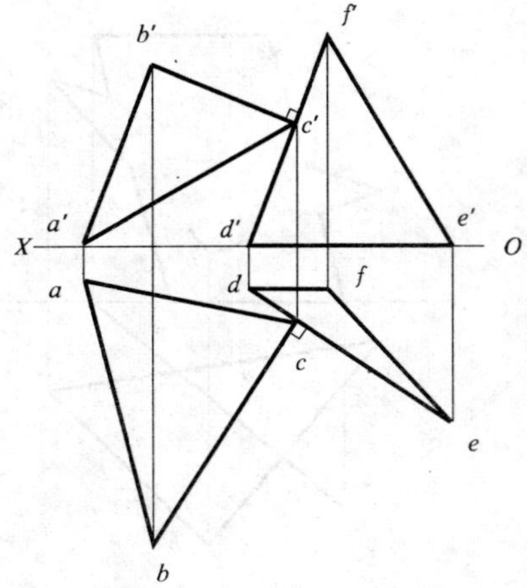


(　　)

1.作直线MN与两直线AB、CD均相交，并平行于直线EF。

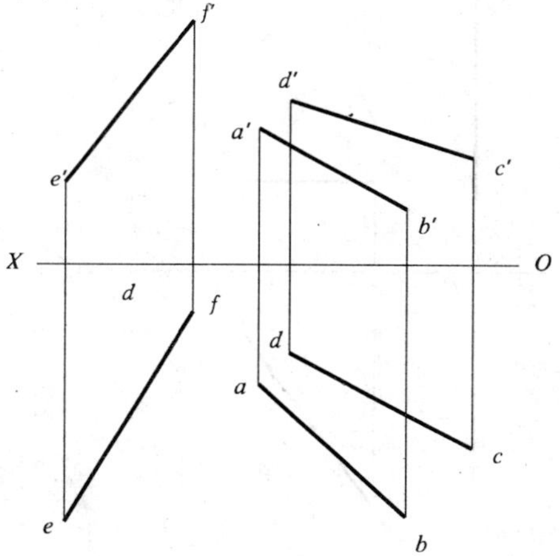


2.作一平面与△ABC平行，并使两平面距离为L。

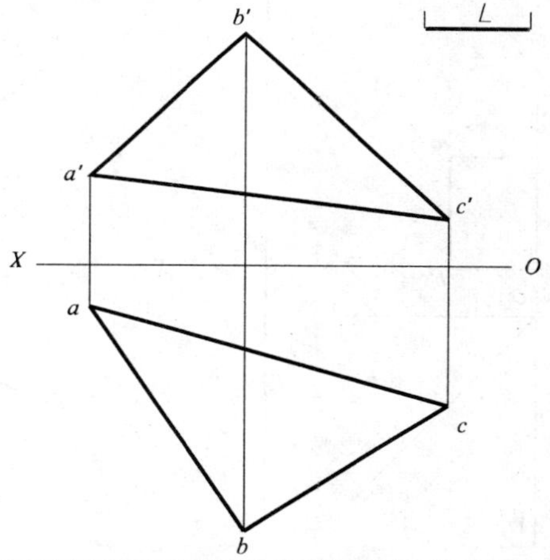


3.过点M作一直线MN与△ABC平行，且与直线EF相交。

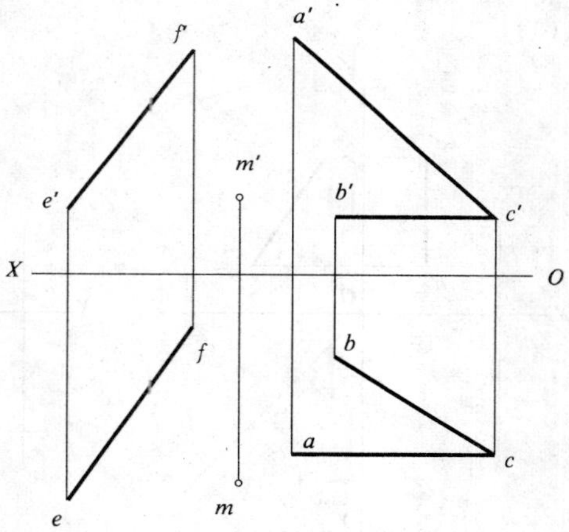


4.过直线AB上的点A作一直线垂直于AB，且与DE相交。

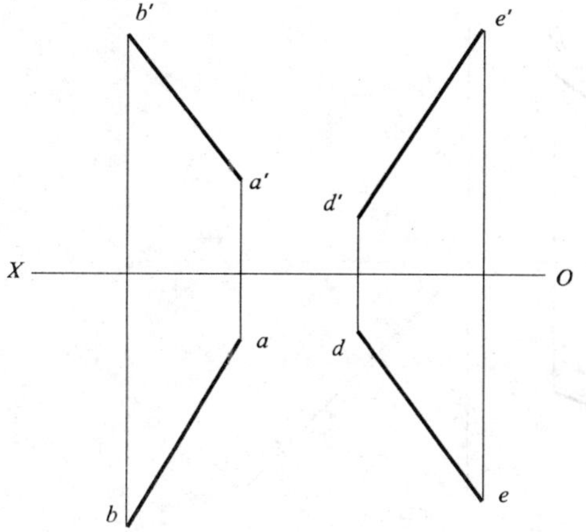


5.正方形ABCD的点A在直线EF上，点C在直线BG上，试作出其投影。

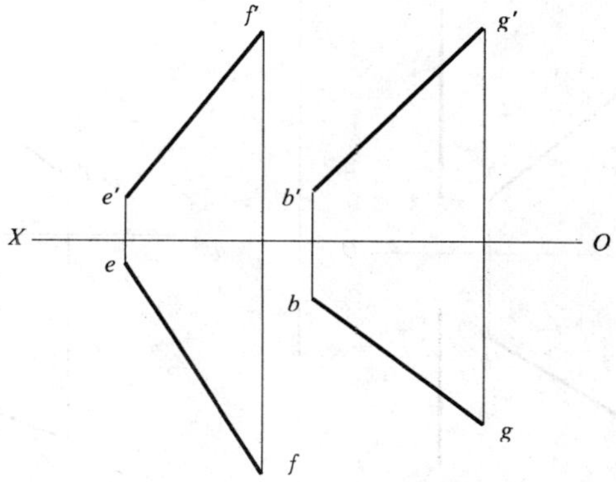


6.求交叉两直线AB、CD间的距离。

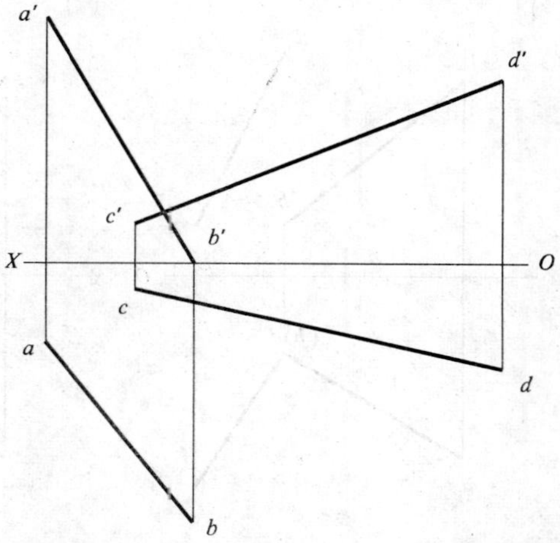

7.过$C$点作直线$AB$的平行线$CD$，实长为20mm（先求$AB$的第三投影，后作$CD$的三面投影）。

(1)

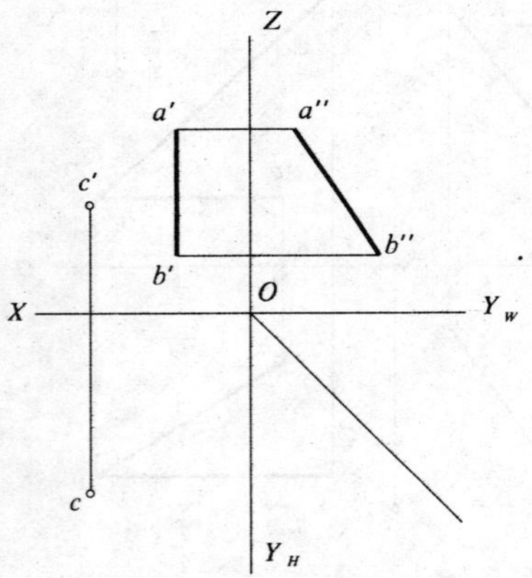


(2)

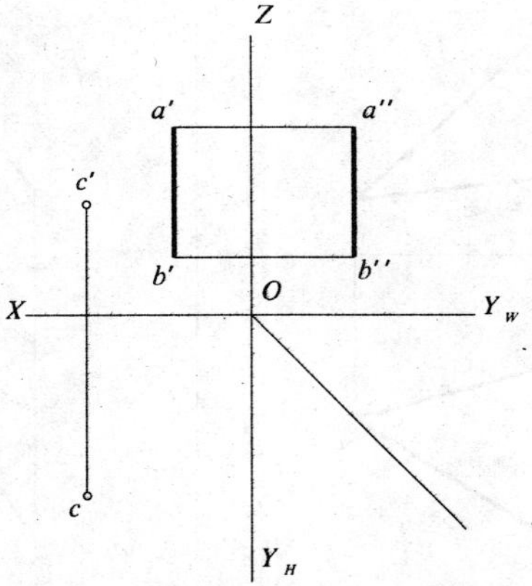


8.作一直线$MN$与已知直线$CD$、$EF$相交，且与$AB$平行。

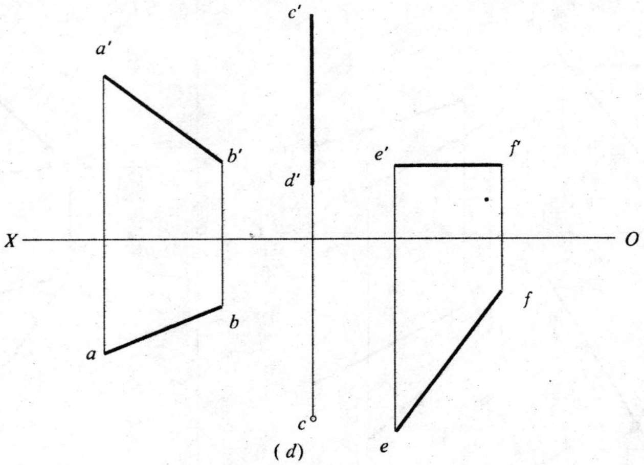


9.作水平线$EF$与已知直线$AB$、$CD$相交，并距离$H$面25mm。

(1)

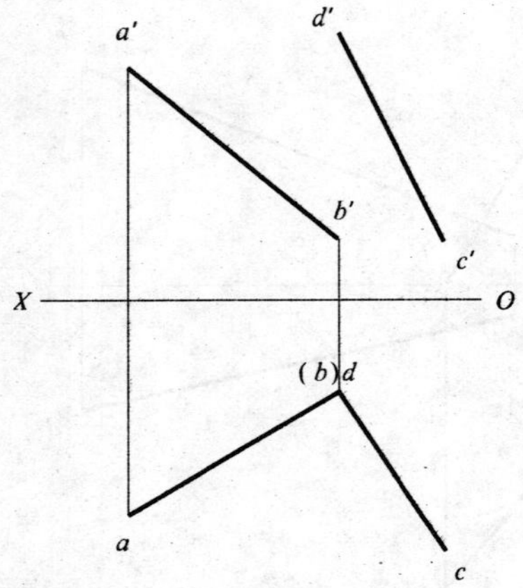


(2)

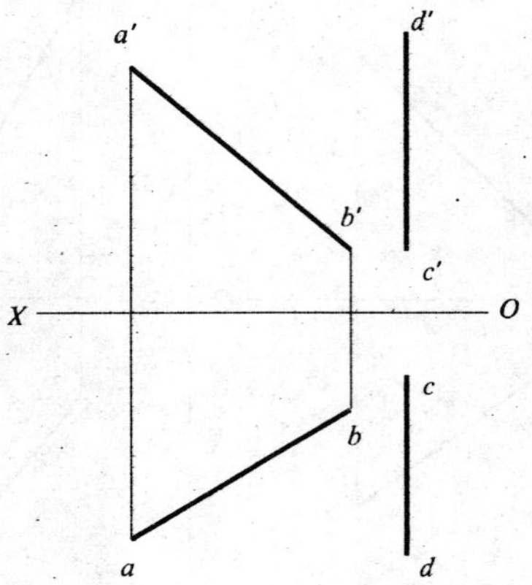


10.过点$C$作一直线$DE$与直线$AB$和$OX$轴均相交。

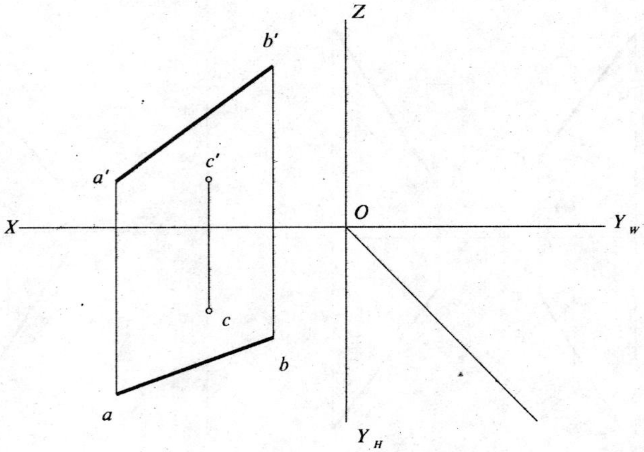

| 7-1 基本体-平面立体的投影 | 班级 | | 学号 | | 姓名 | | 23 |
|---|---|---|---|---|---|---|---|

1.依据正六棱柱的轴测图，完成第三视图。

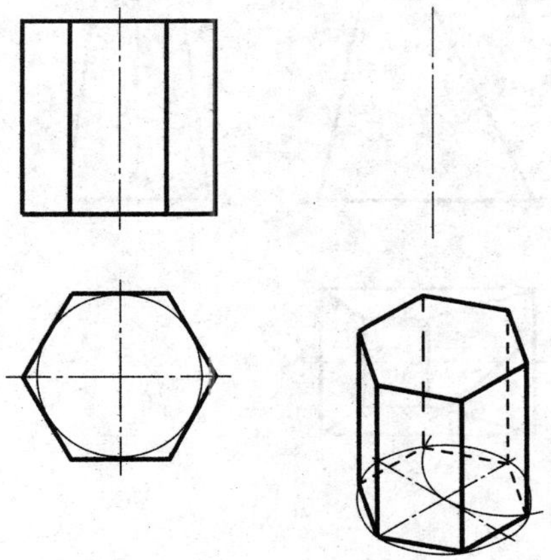

2.依据正三棱锥的轴测图，完成第三视图。

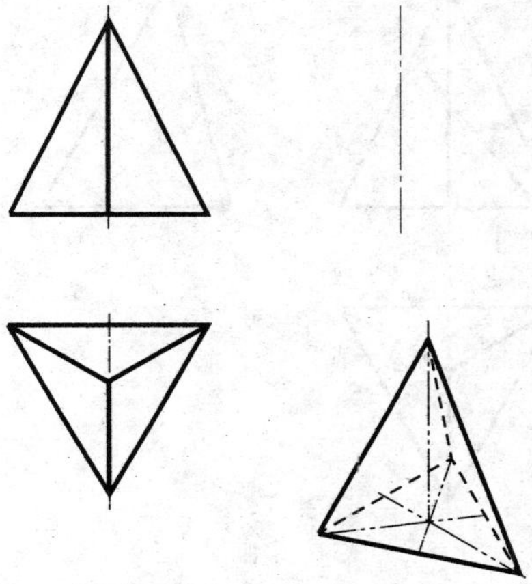

3.依据正四棱锥台的轴测图，完成第三视图。

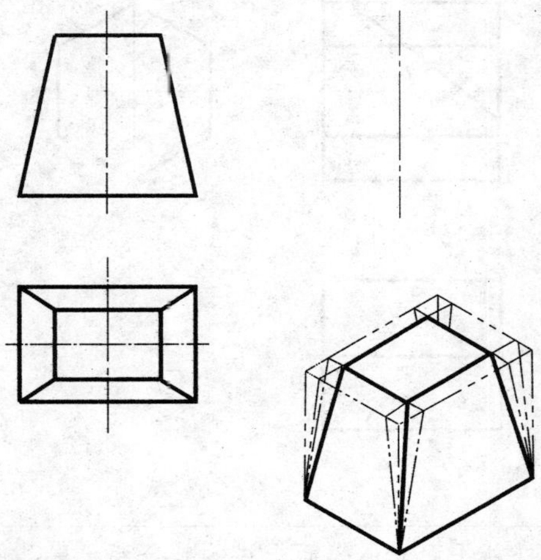

4.依据物体的轴测图，完成第三视图。

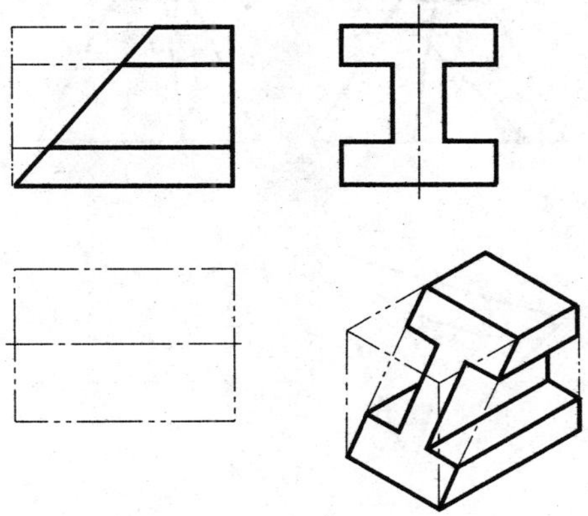

5.依据物体的轴测图，完成第三视图。

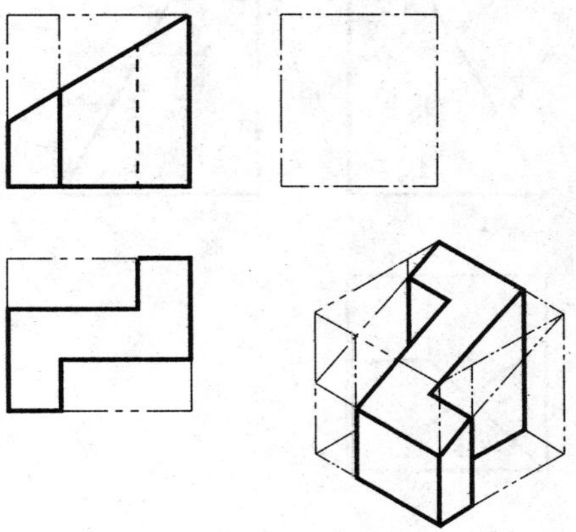

6.依据物体的轴测图，完成第三视图。

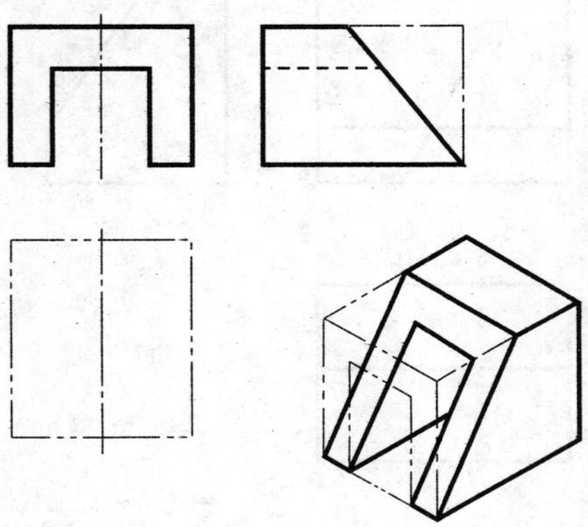

1. 补画六棱柱表面上线的其余两投影。

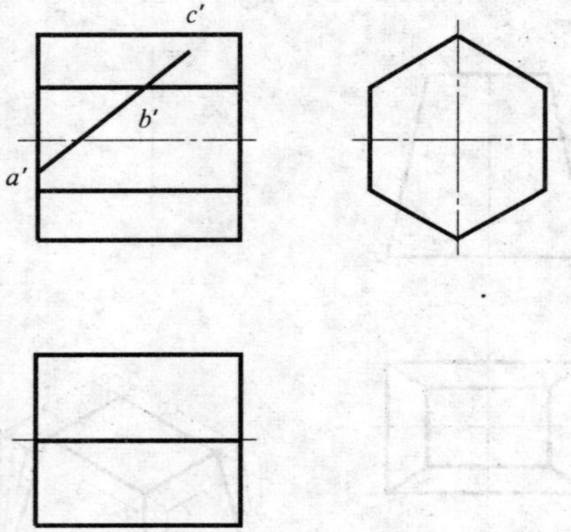


2. 补画三棱锥表面上线的其余两投影。

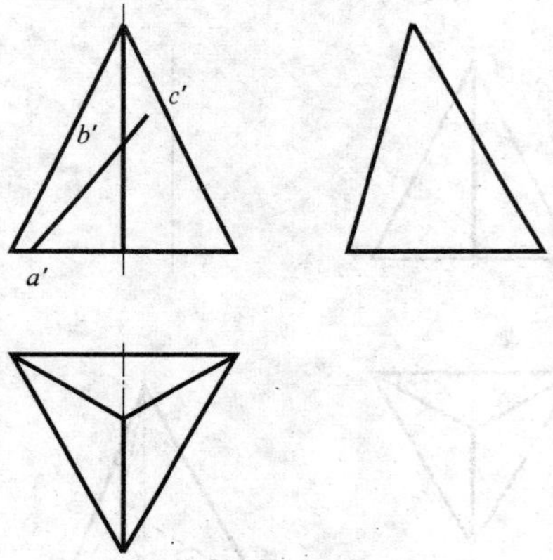


3. 补画四棱锥表面上线的其余两投影。

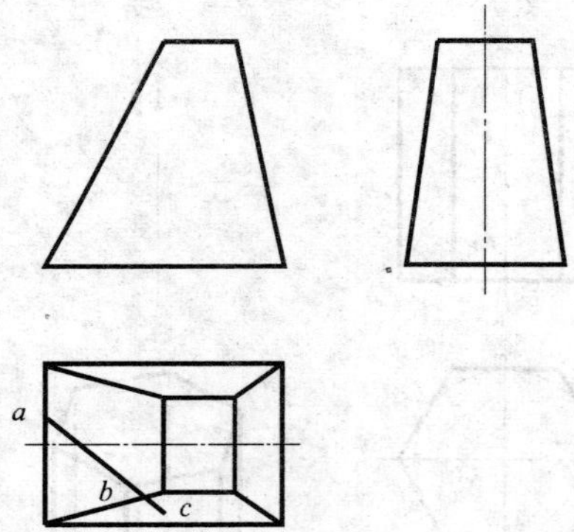


4. 补画平面立体表面上线的其余两投影。

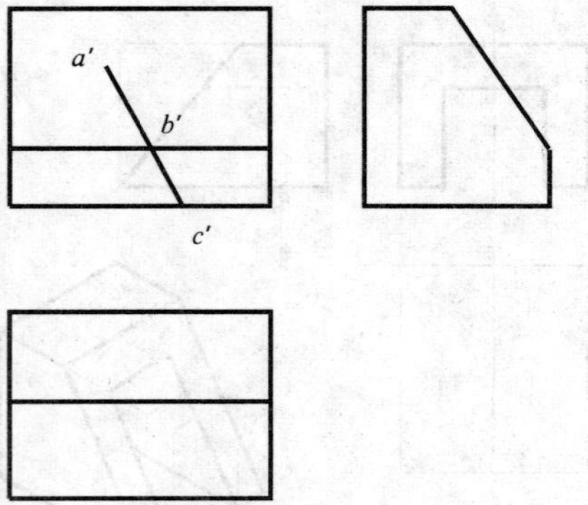


5. 补画平面立体表面上线的其余两投影。

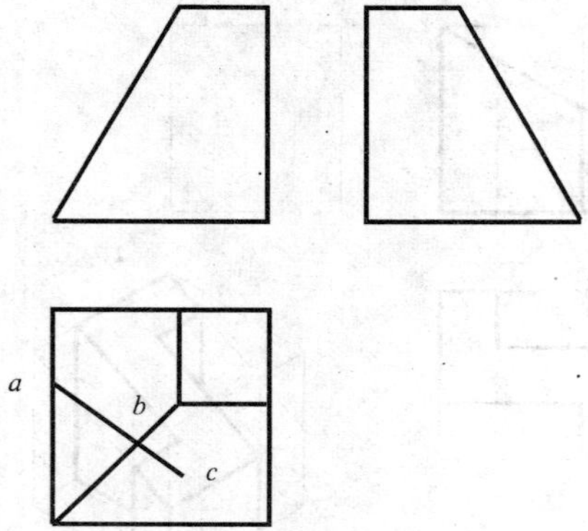


6. 补画平面立体表面上线的其余两投影。

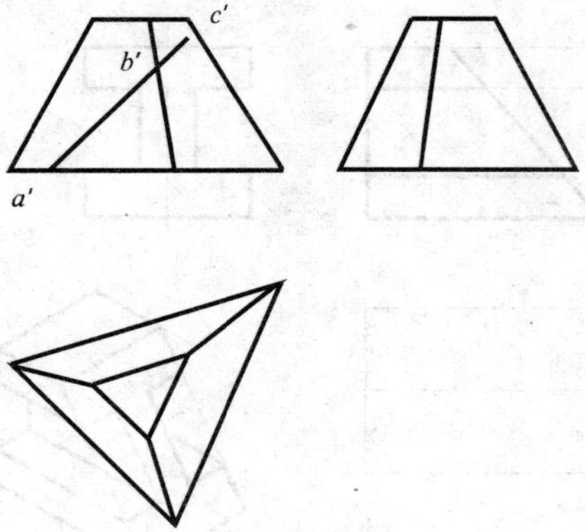

## 7-3 基本体—曲面立体的投影

| 班级 | | 学号 | | 姓名 | | 25 |
|---|---|---|---|---|---|---|

1.已知圆柱的轴测图，完成第三视图及其表面上点的投影。

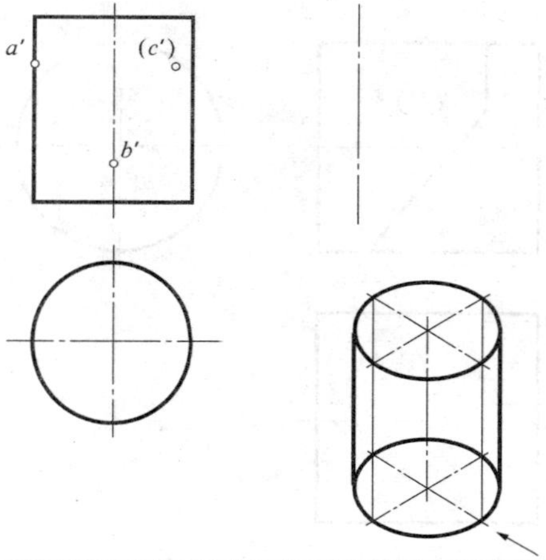


2.已知圆锥的轴测图，完成第三视图及其表面上点的投影。

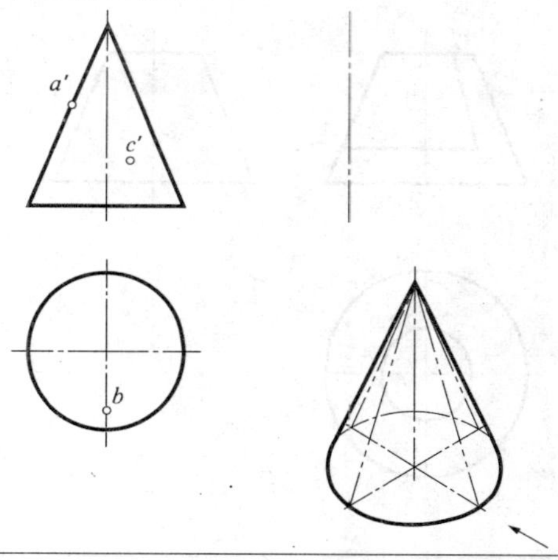


3.已知球体的轴测图，完成第三视图及其表面上点的投影。

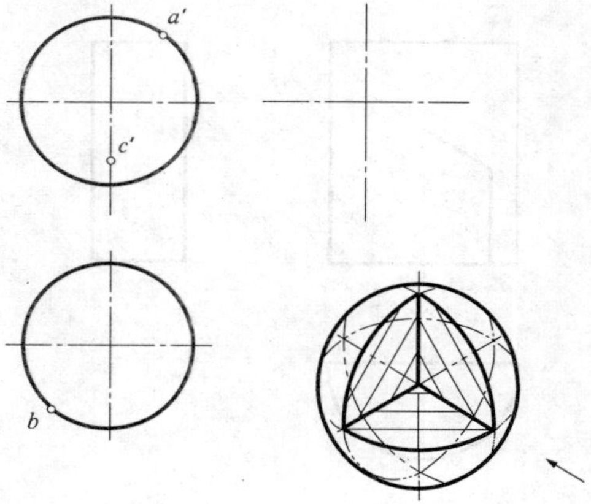


4.已知半环体的轴测图，完成第三视图及其表面上点的投影。

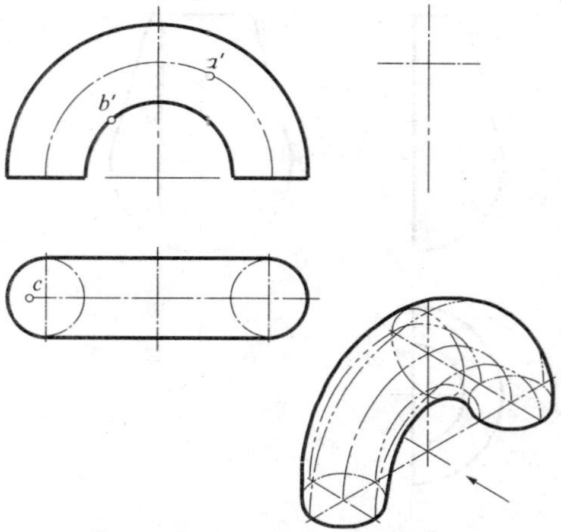


5.已知回转体的轴测图，完成第三视图及其表面上点的投影。

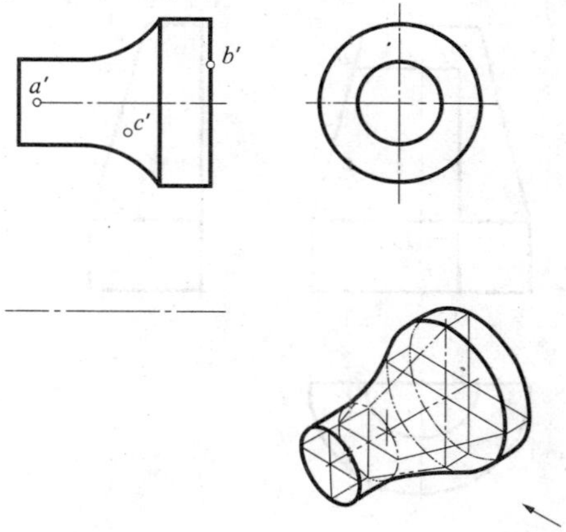


6.已知回转体的轴测图，完成第三视图及其表面上点的投影。

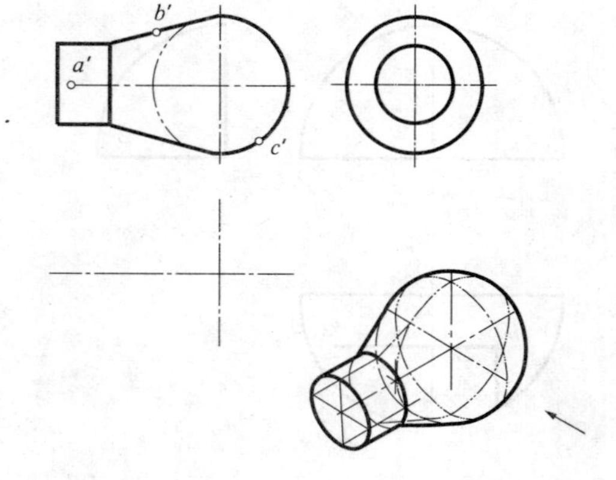

1.补画圆柱表面上线的其余两投影。

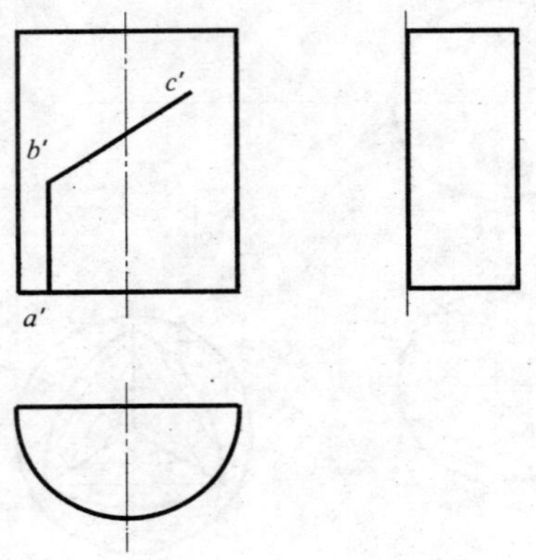


2.补画圆锥台表面上线的其余两投影。

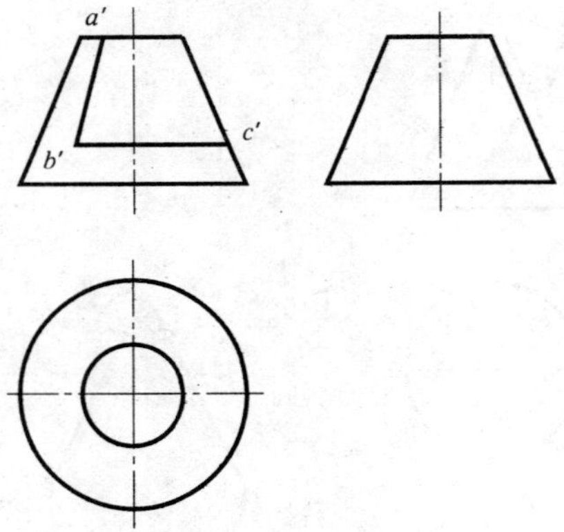


3.补画圆柱表面上线的其余两投影。

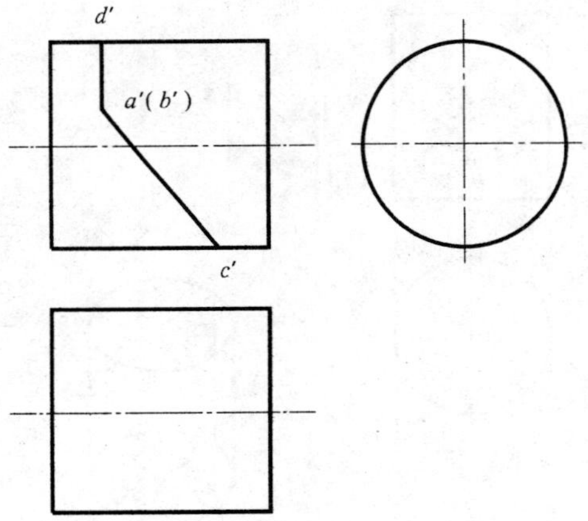


4.补画圆球表面上线的其余两投影。

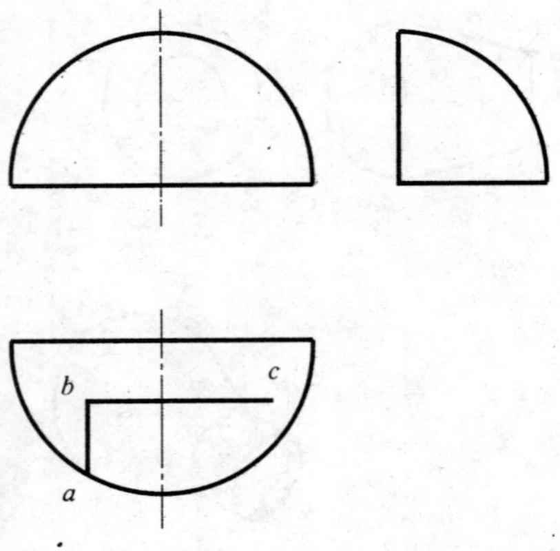


5.补画回转体表面上线的其余两投影。

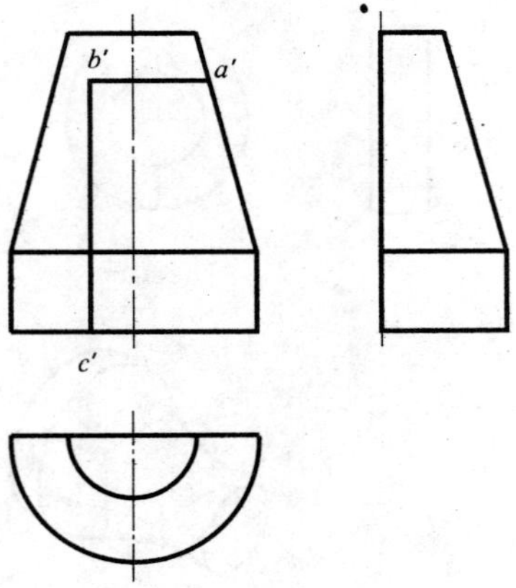


6.补画回转体表面上线的其余两投影。

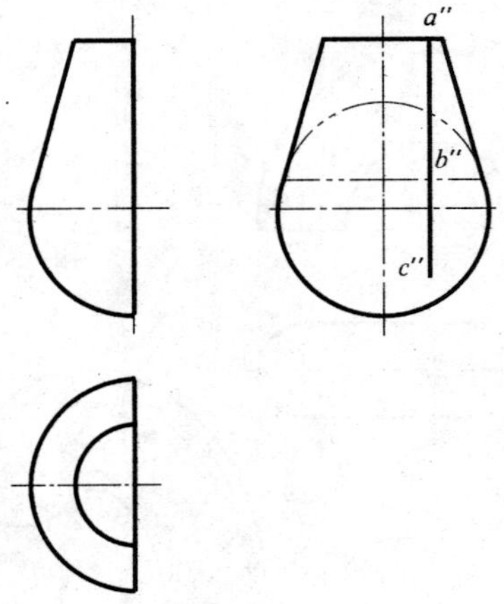

| 8-1 平面与平面立体截交 | 班级 | | 学号 | | 姓名 | | 27 |
|---|---|---|---|---|---|---|---|

1.补全四棱柱被截切后的$H$面投影和$W$面投影。

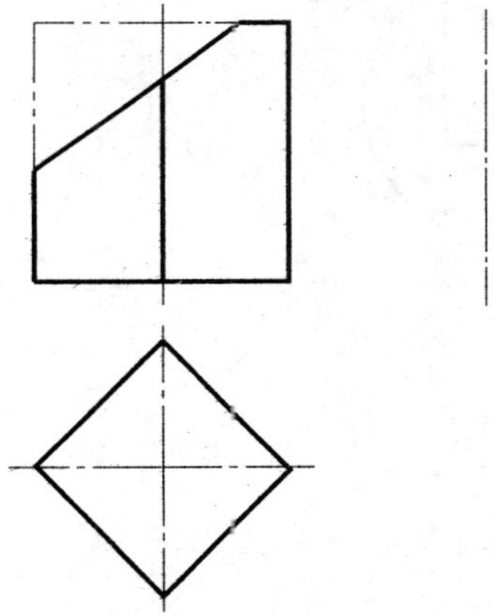

2.补全六棱柱被截切后的$W$面投影。

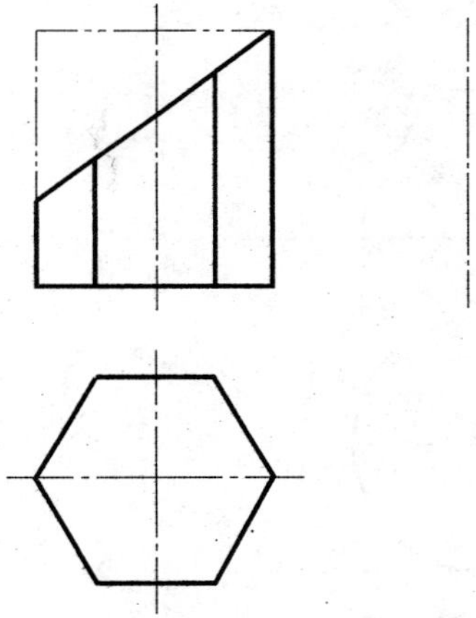

3.补全四棱柱被截切后的$H$面投影和$W$面投影。

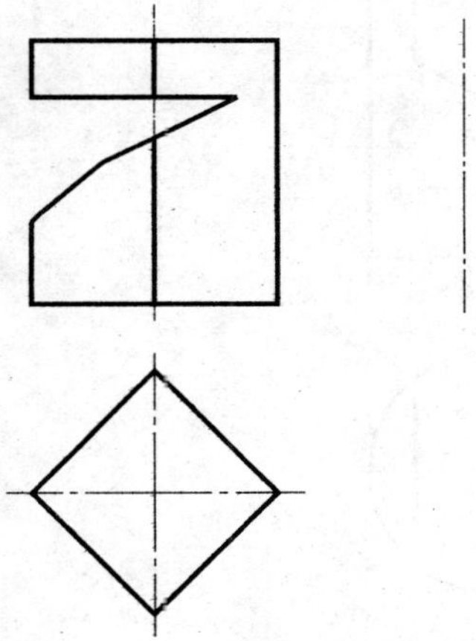

4.补全三棱锥被截切后的$H$面投影和$W$面投影。

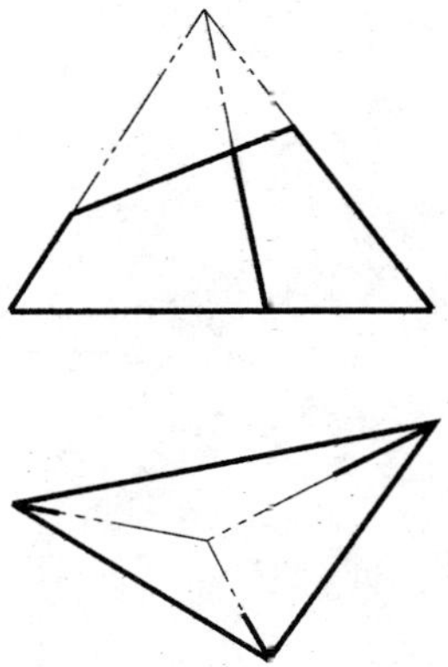

5.补全五棱锥被截切后的$H$面投影和$W$面投影。

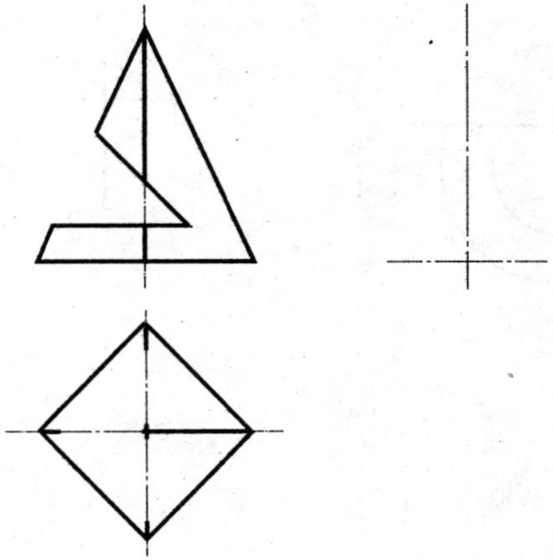

6.补全四棱台被截切后的$H$面投影和$W$面投影。

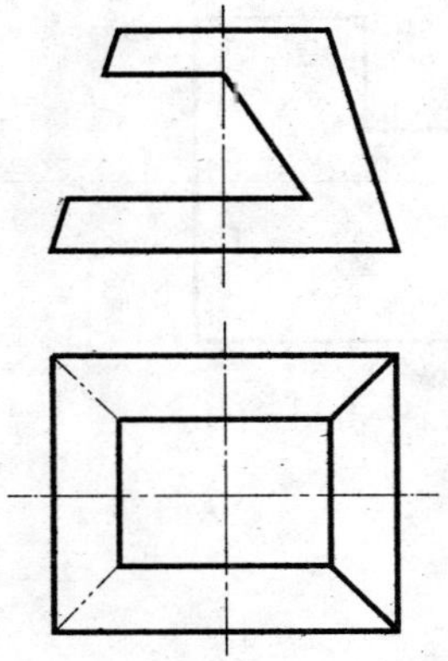

| 8-2 平面与回转体截交 | 班级 | | 学号 | | 姓名 | | 28 |
|---|---|---|---|---|---|---|---|

1.补全圆柱被截切后的W面投影。

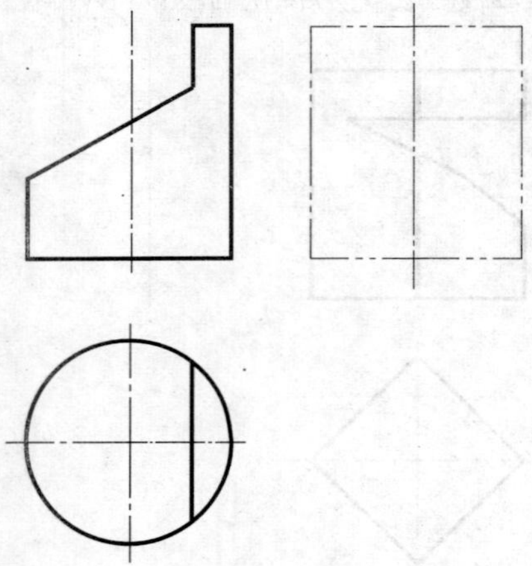

2.补全圆锥被截切后的H面投影和W面投影。

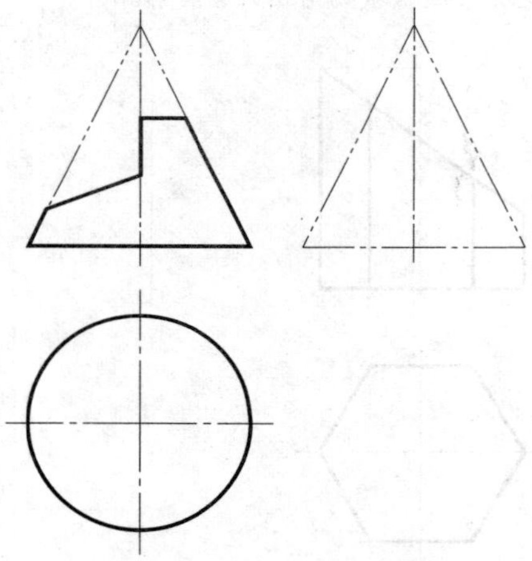

3.补全圆球被截切后的H面投影和W面投影。

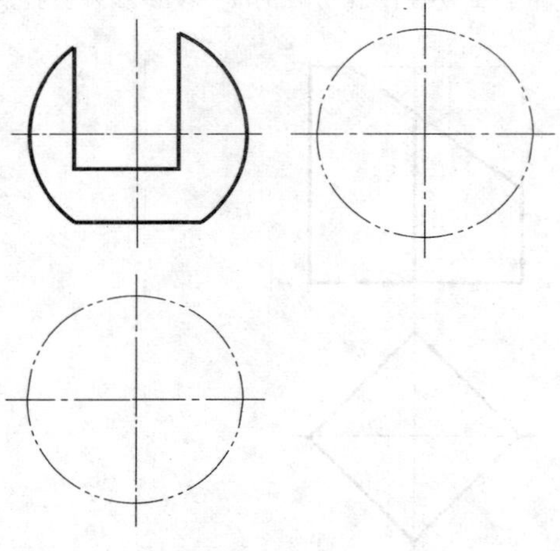

4.求作形体的水平投影。

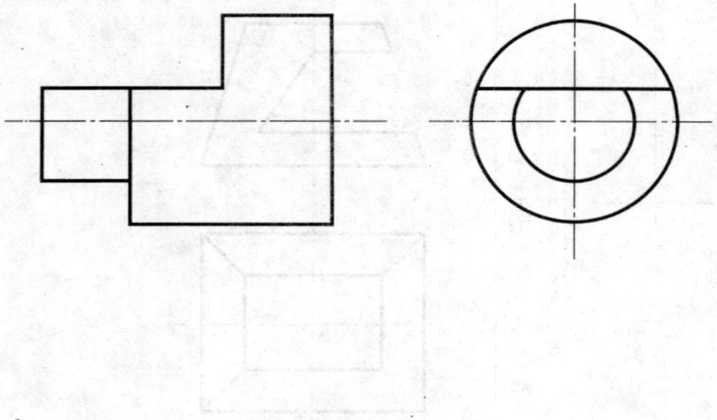

5.想象曲面立体的空间形状，补画形体的H面投影和W面投影。

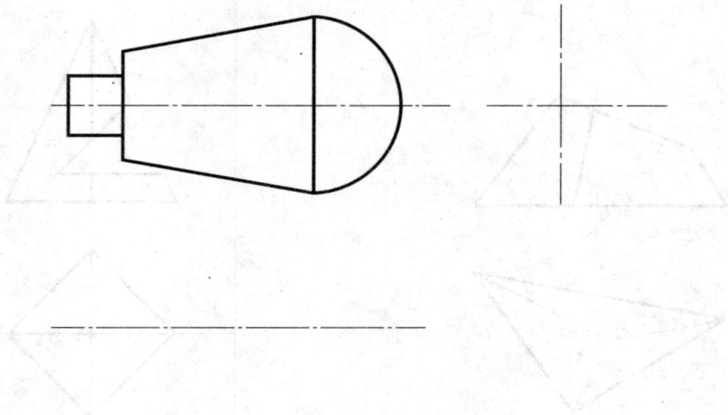

| 8-3 直线与立体相交 | 班级 | | 学号 | | 姓名 | | 29 |
|---|---|---|---|---|---|---|---|

1.求直线与平面立体的贯穿点。

(1)

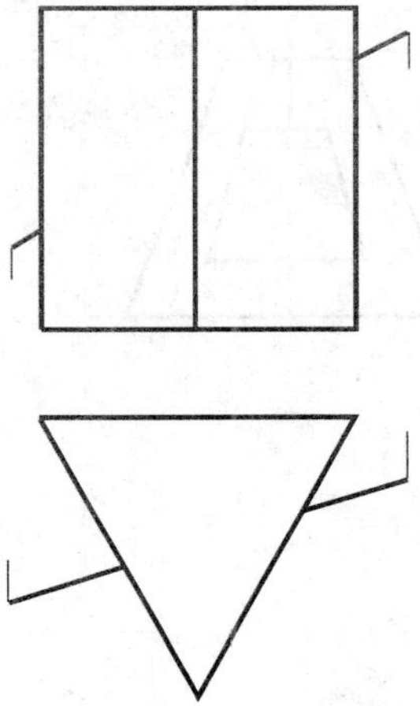

(2)

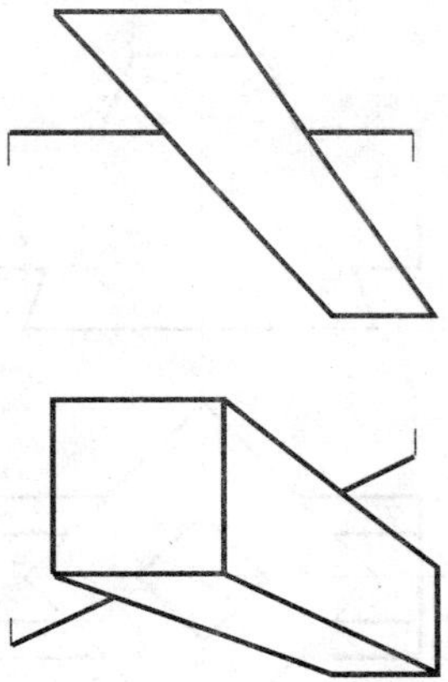

(3)

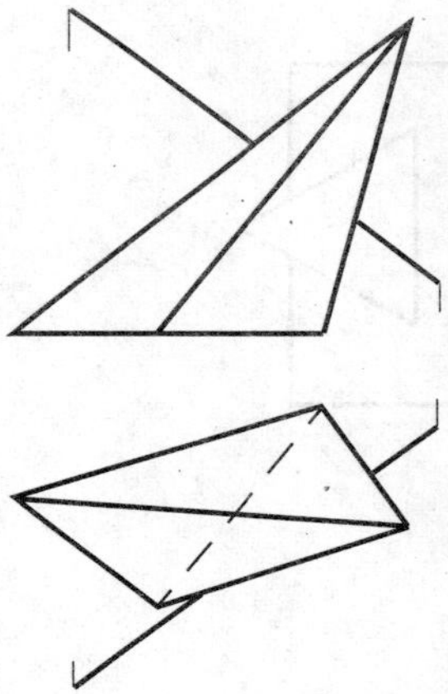

(4)

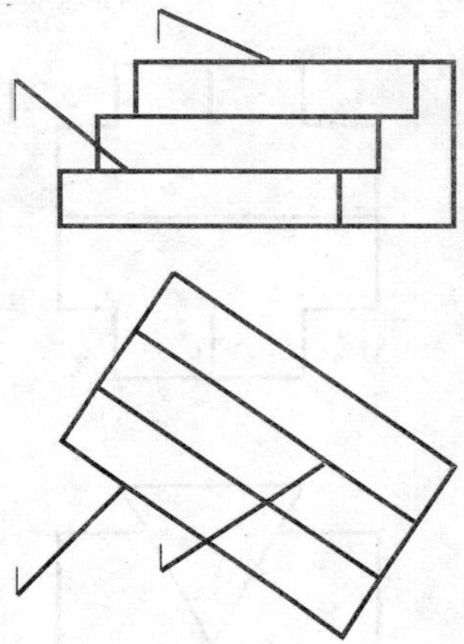

2.求直线与曲面立体的贯穿点。

(1)

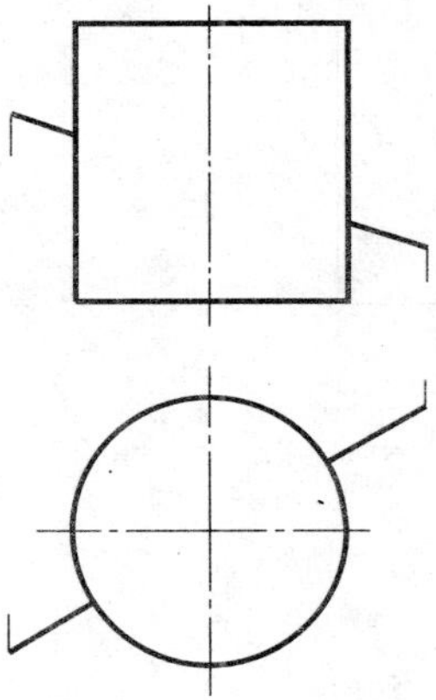

(2)

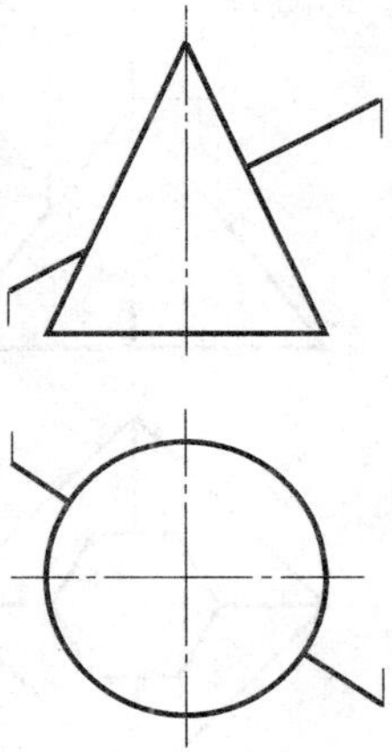

(3)

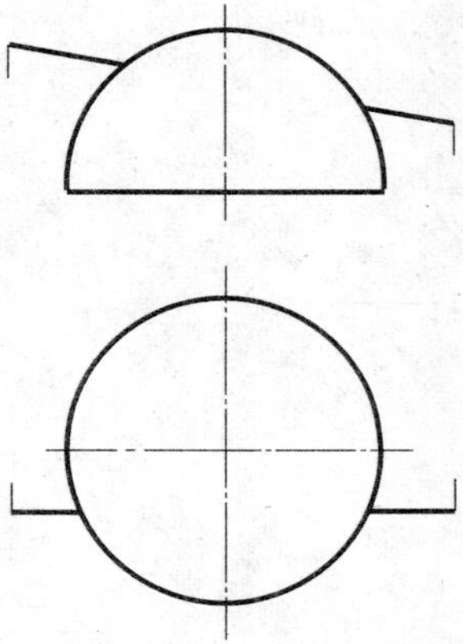

(4)

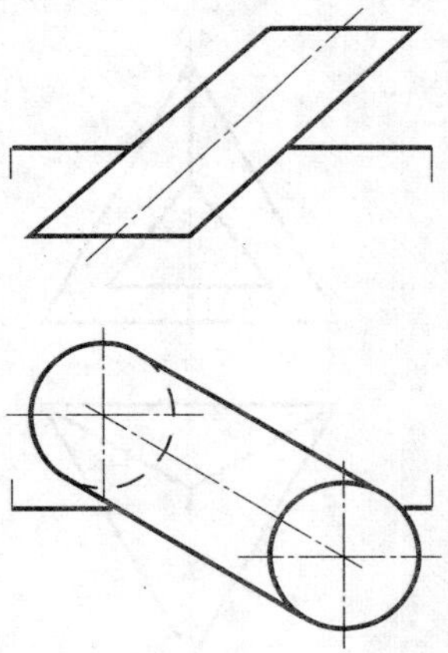

| 9-1 两平面立体相交 | 班级 | | 学号 | | 姓名 | | 30 |
|---|---|---|---|---|---|---|---|

1.补全两三棱柱相贯线的V面投影。

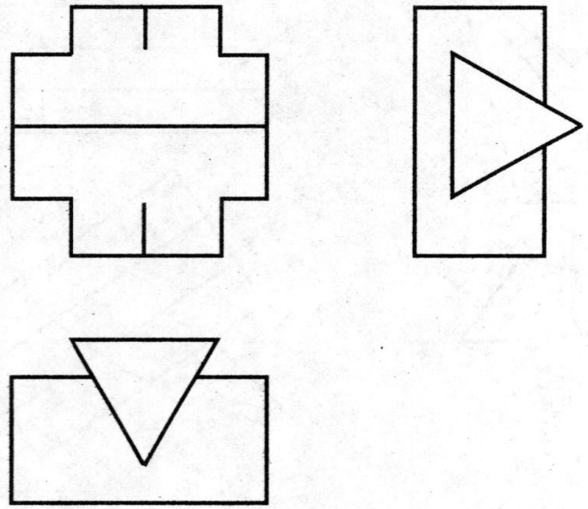

2.补全四棱柱和四棱台相贯线的H面投影和V面投影。

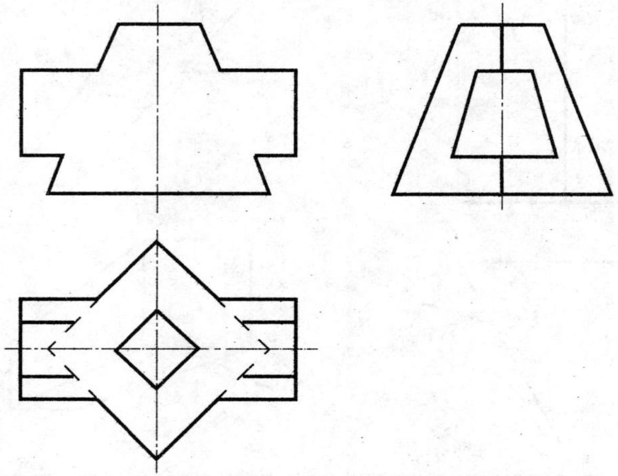

3.补全并画出正三棱锥贯穿三棱柱孔后的H面投影和W面投影。

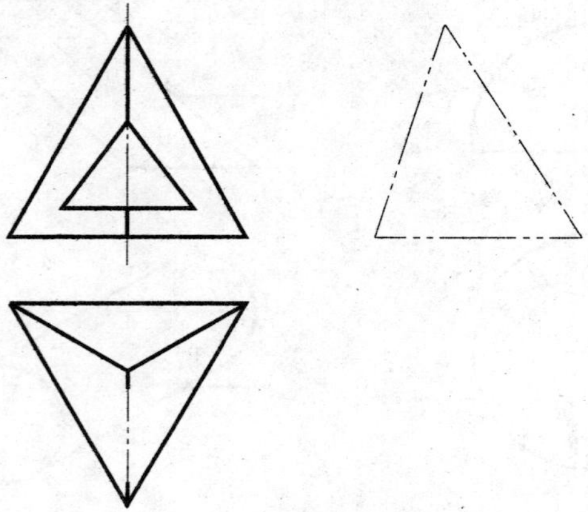

4.补全并画出四棱锥贯穿六棱柱孔后的V面投影和W面投影。

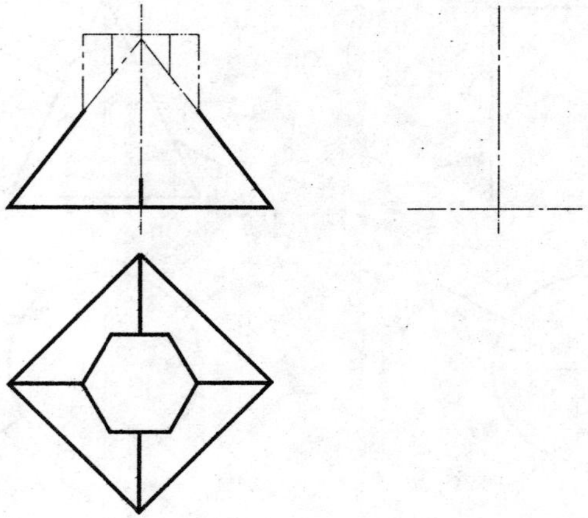

# 9-2 平面立体与回转体相交

| 班级 | | 学号 | | 姓名 | |
|---|---|---|---|---|---|



1. 画出圆柱穿孔后的W面投影。

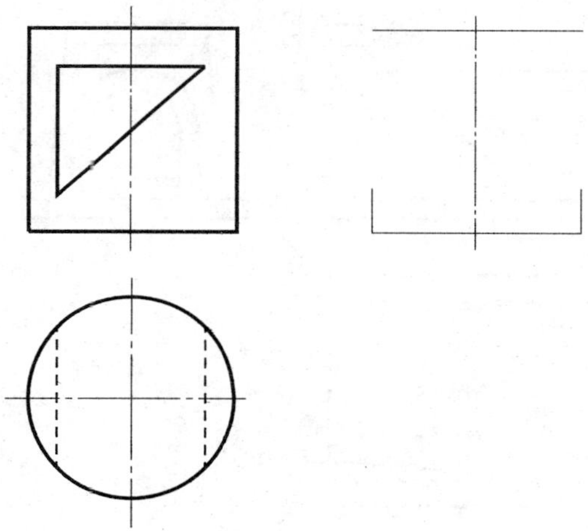

2. 完成并画出圆锥穿孔后的H面投影和W面投影。

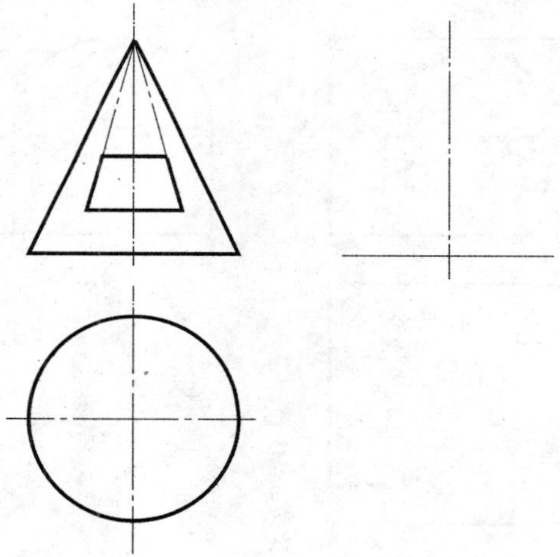

3. 完成圆柱体与两个四棱柱相贯后的W面投影。

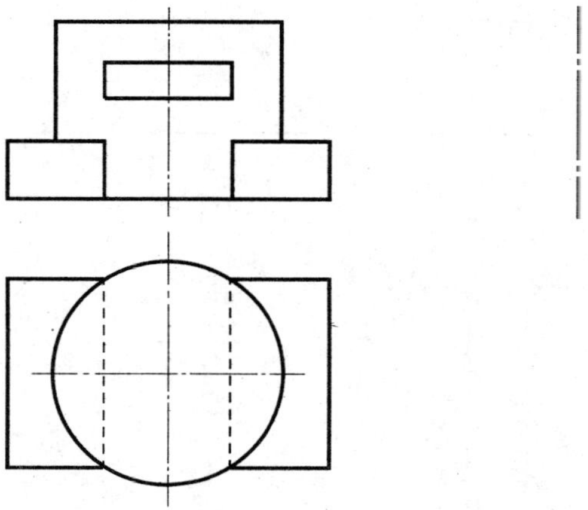

4. 画出六棱柱与圆柱相交后的V面投影。

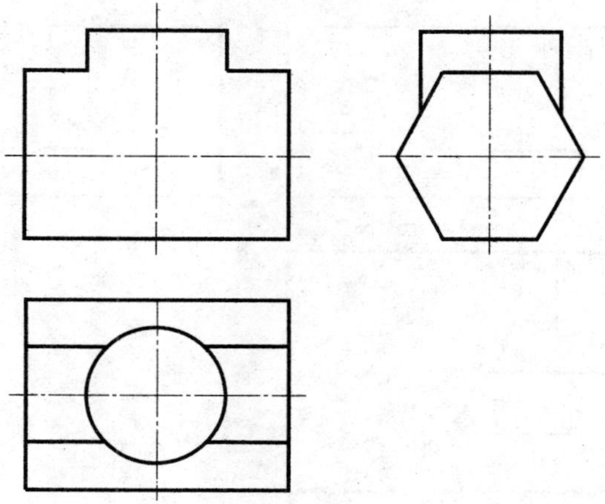

## 9-2 平面立体与回转体相交

班级　　　学号　　　姓名



5.完成半圆拱屋面与两坡屋面交线的$H$面投影。

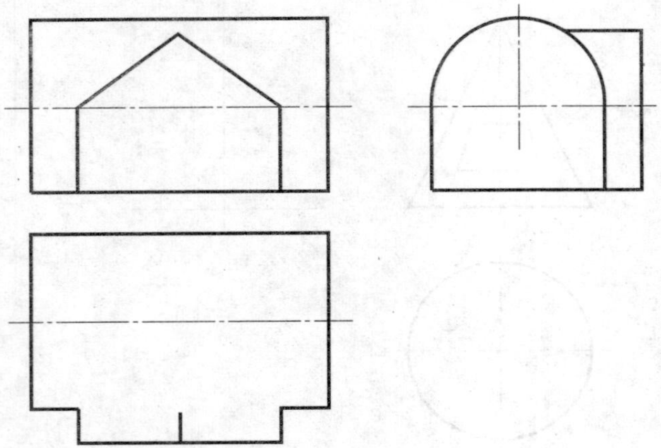

6.完成挡土墙和涵洞外表面交线的$H$面投影。

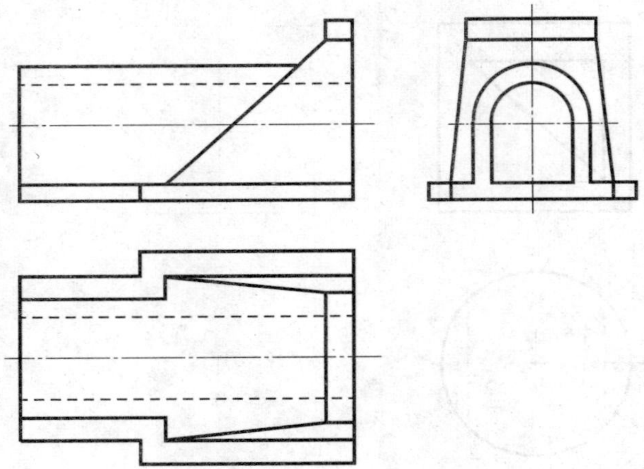

7.完成斜坡面和圆柱面交线的$V$面投影。

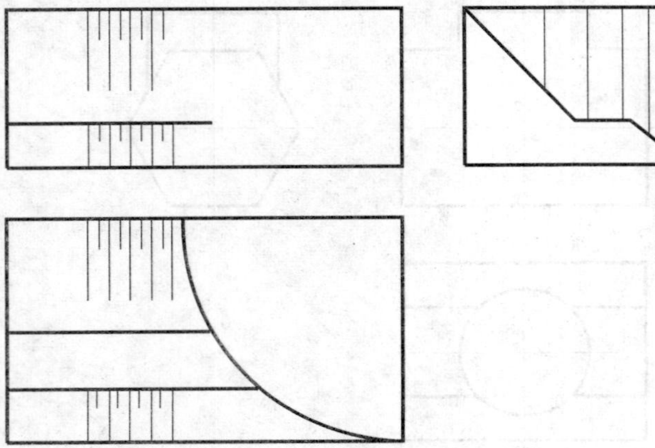

8.完成斜坡面和圆锥面交线的$H$面投影及$V$面投影。

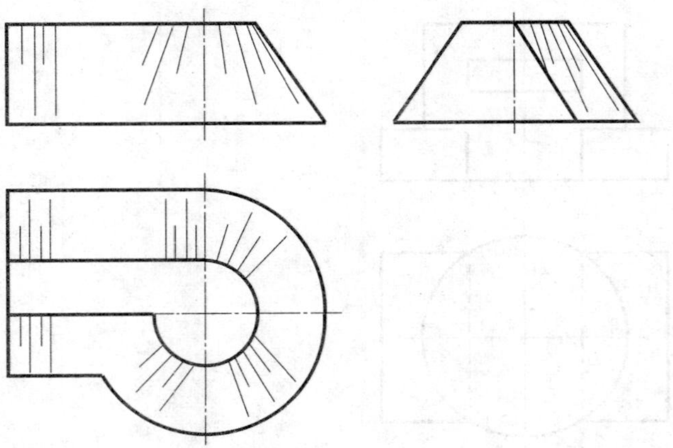

## 9-3 两回转体相交

班级　　　学号　　　姓名



1.补全两相交圆柱的三视图。

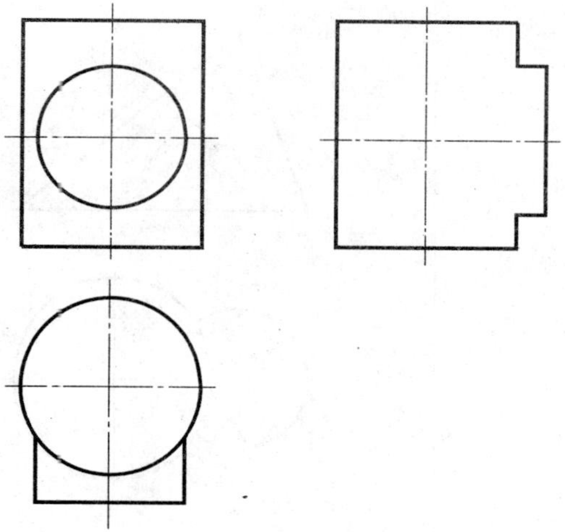

2 补全房屋模型的拱顶相贯线的$H$面投影。

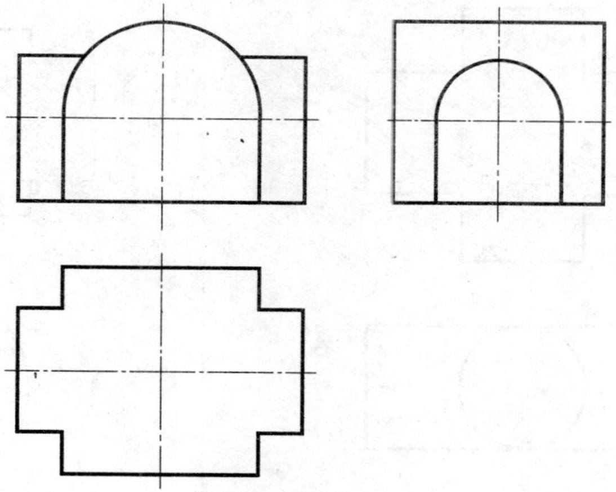

3.完成圆锥和圆柱同轴相贯的$H$面投影及$W$面投影。

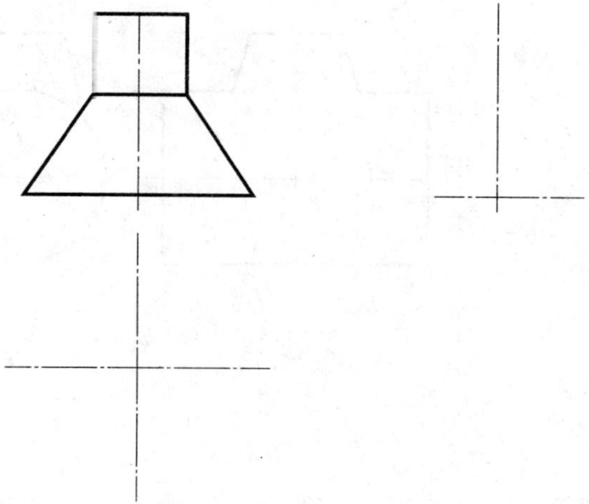

4.完成水平圆柱被正交圆柱穿孔后的$V$面投影。

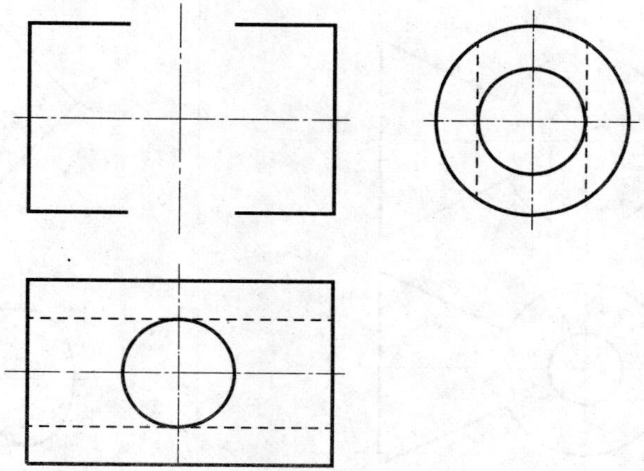

## 9-4 两回转体特殊相交

班级　　学号　　姓名



1.完成圆柱与圆柱的正交相贯线。

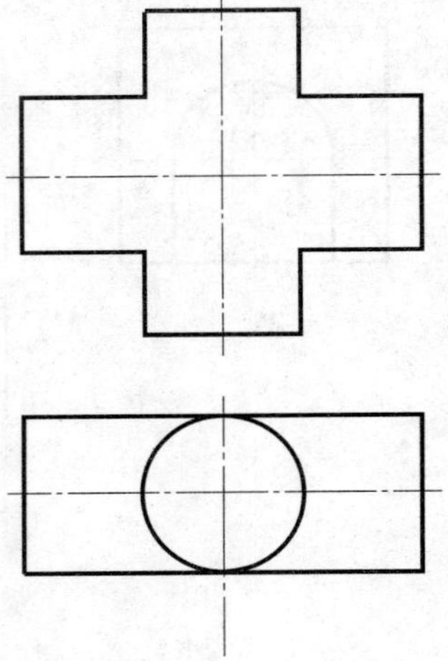

2.完成三圆柱的相贯线。

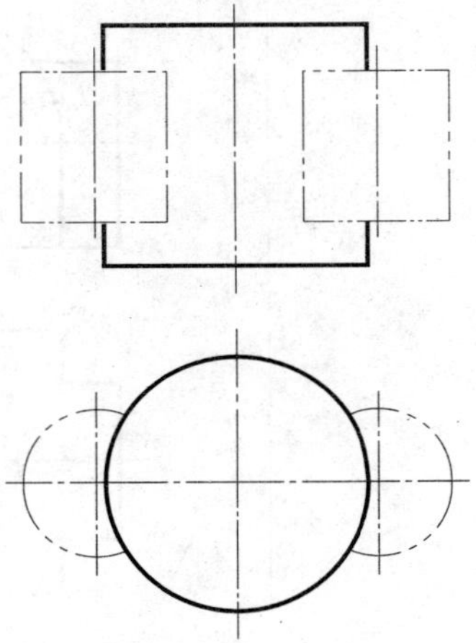

3.完成两圆锥的相贯线。

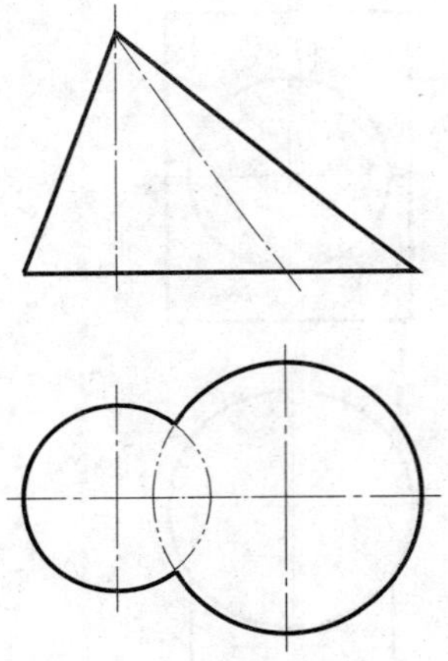

4.完成圆锥、圆球及圆柱的复合相贯线。

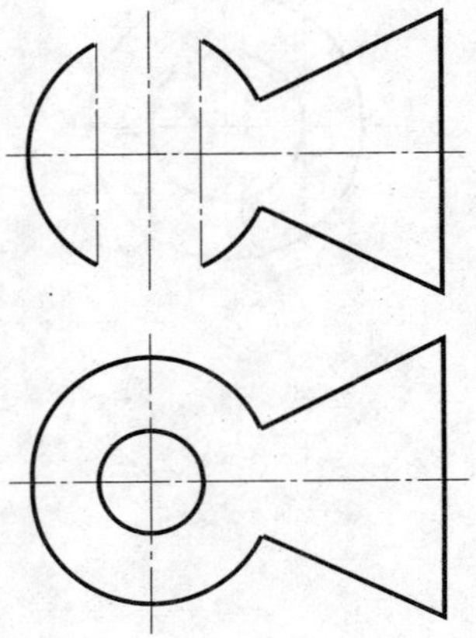

5.完成两圆柱的相贯线。

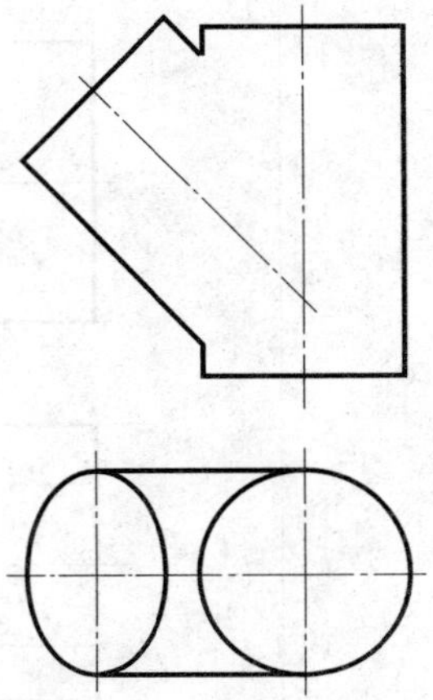

6.完成圆柱体与圆锥台等直径相贯的相贯线。

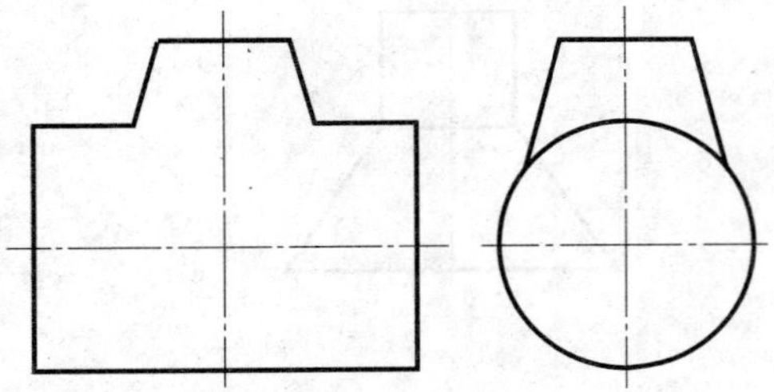

| 9-5 回转体特殊相交的综合作图 | 班级 | | 学号 | | 姓名 | | 35 |
| --- | --- | --- | --- | --- | --- | --- | --- |

1.完成复合相贯线的 $V$ 面投影。

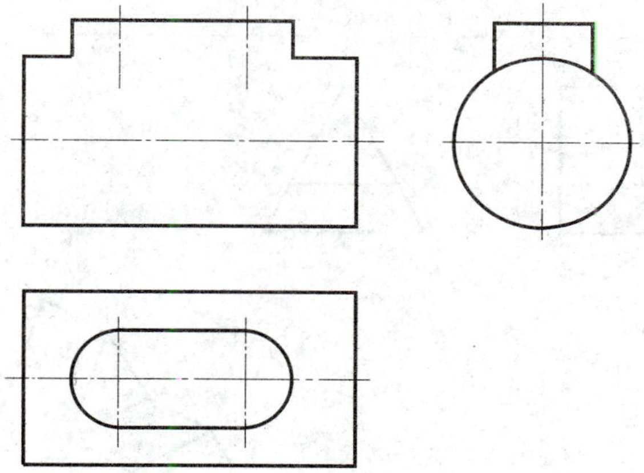

2.完成房屋模型的拱顶相交线的 $H$ 面投影。

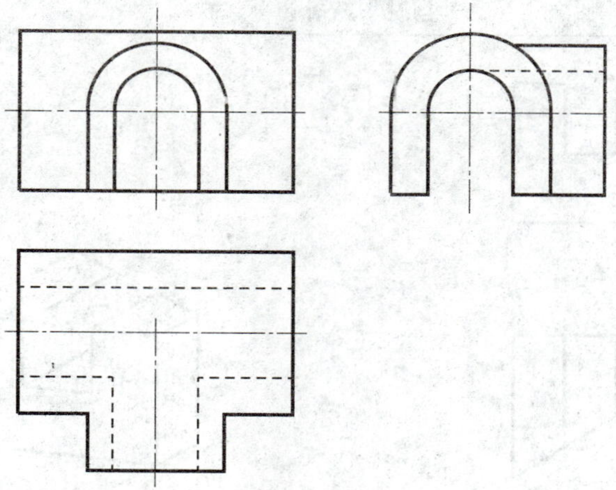

3.完成圆球与两圆柱的复合相贯线投影。

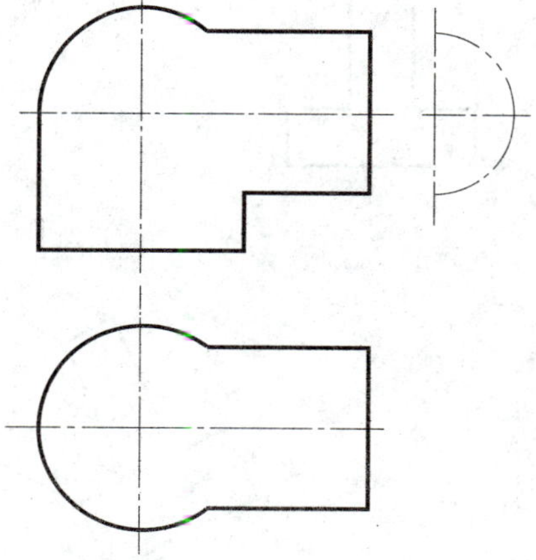

4.完成三圆柱的复合相贯线的投影。

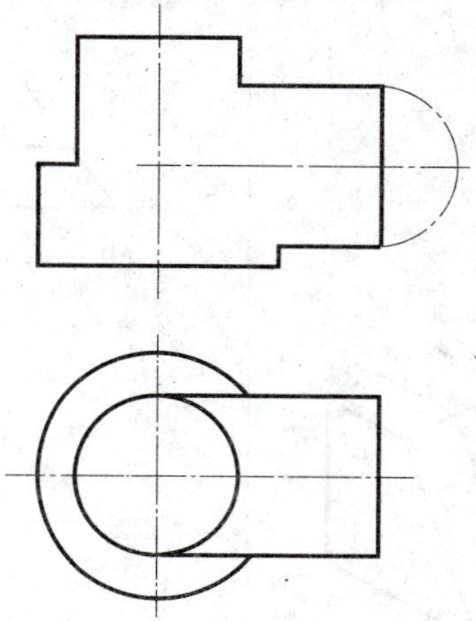

5.完成圆柱、圆锥及圆球的复合相贯线投影。

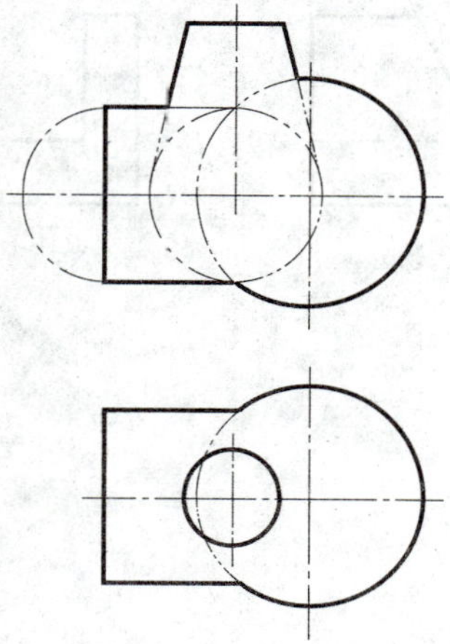

| 10-1 已知物体的两个视图，完成第三视图 | 班级 | | 学号 | | 姓名 | | 36 |
|---|---|---|---|---|---|---|---|

一、参考立体图，读懂已知两视图，补画第三视图。

1.

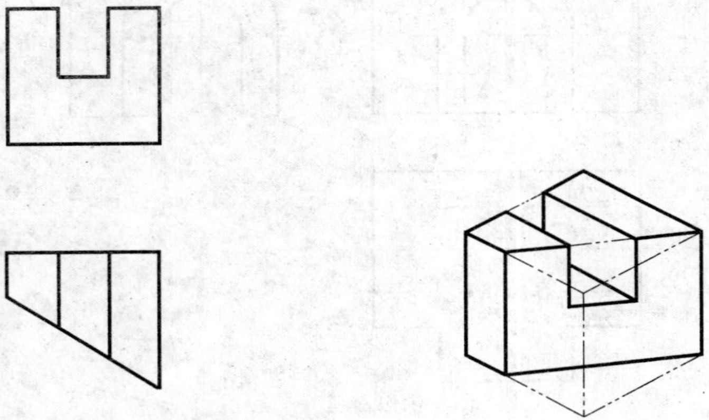

2.

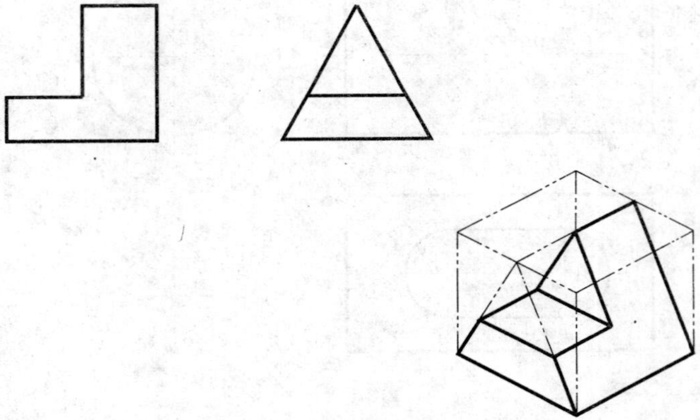

3.

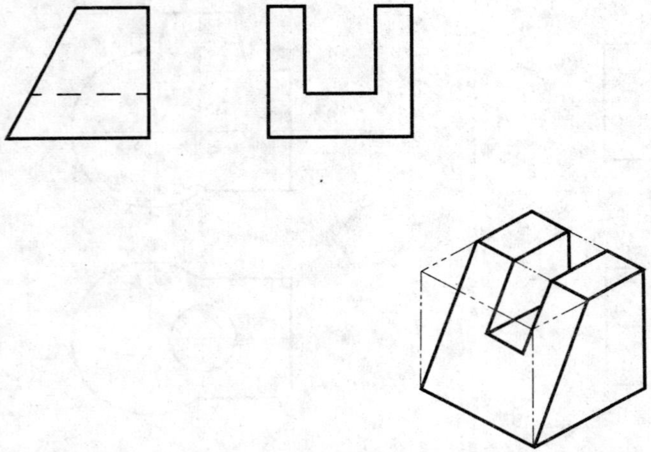

4.

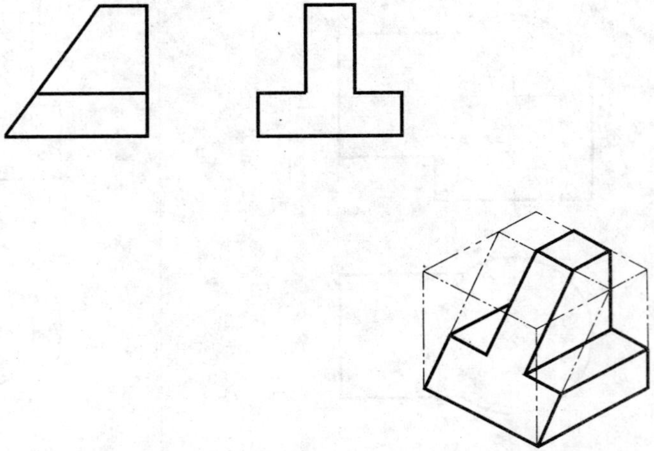

| 10-1 已知物体的两个视图，完成第三视图 | 班级 | | 学号 | | 姓名 | | 37 |
|---|---|---|---|---|---|---|---|

5.

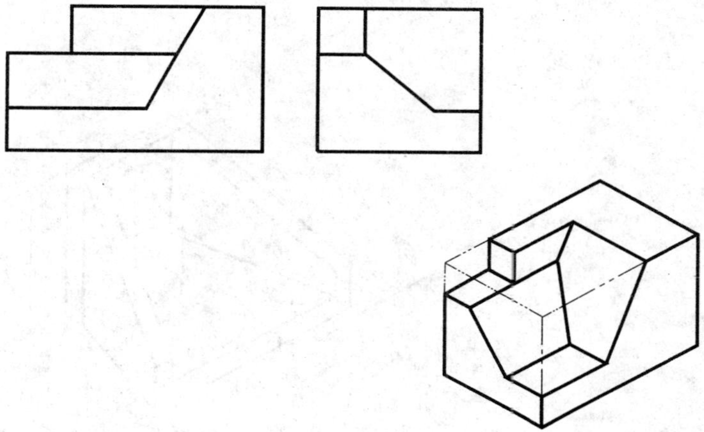

6.

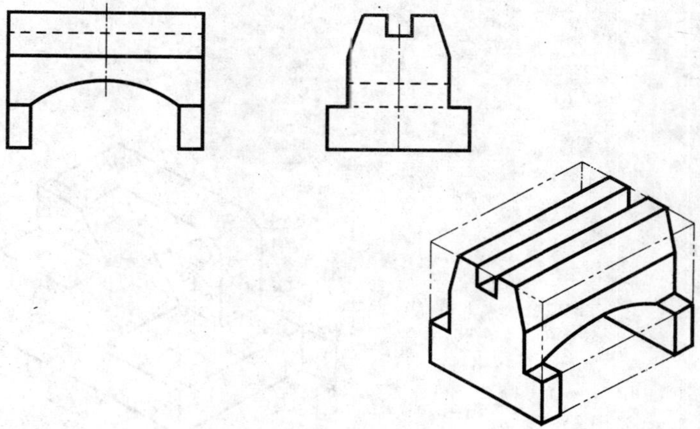

7.

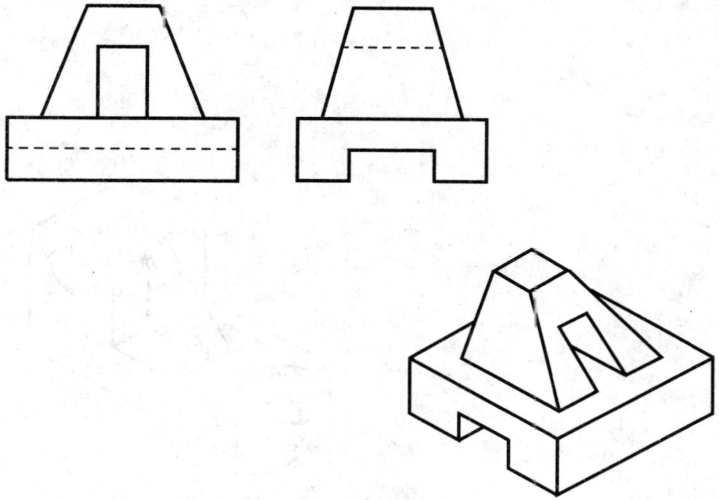

8.

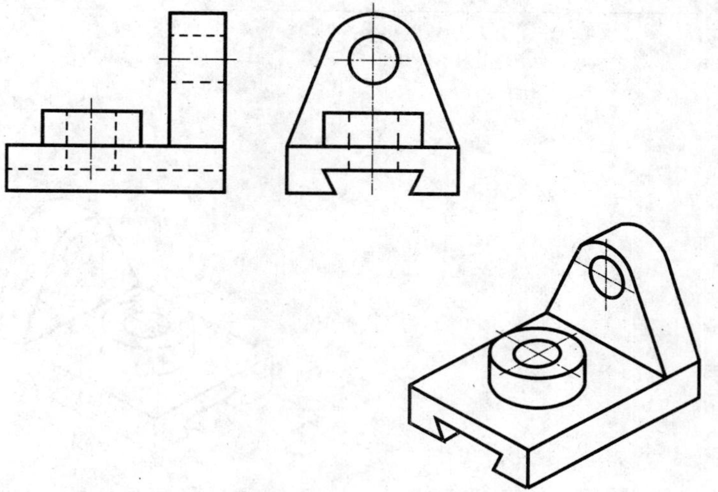

| 10-2 根据立体，测绘其三视图 | 班级 | | 学号 | | 姓名 | | 38 |
| --- | --- | --- | --- | --- | --- | --- | --- |

一、已知物体的立体图和尺寸，画出其三视图。

1.

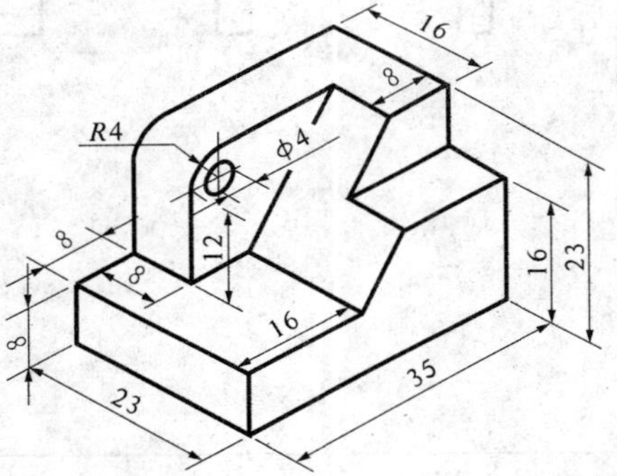


2.

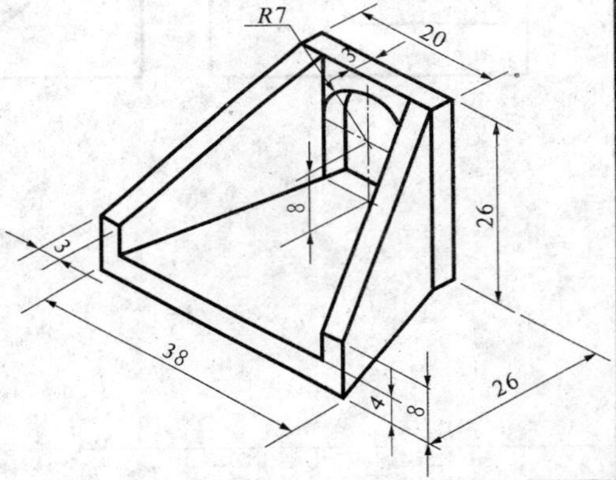


3.

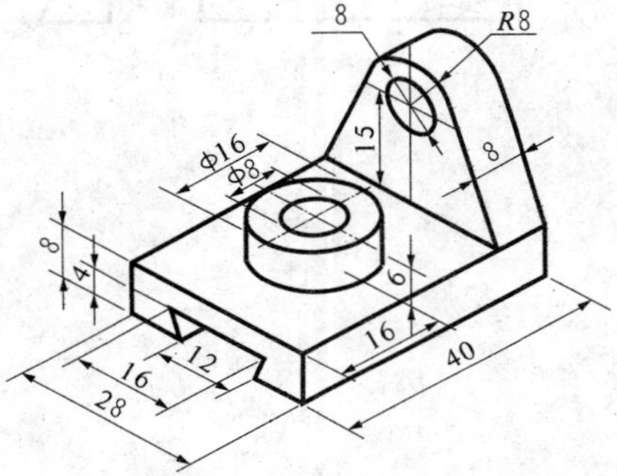


4.

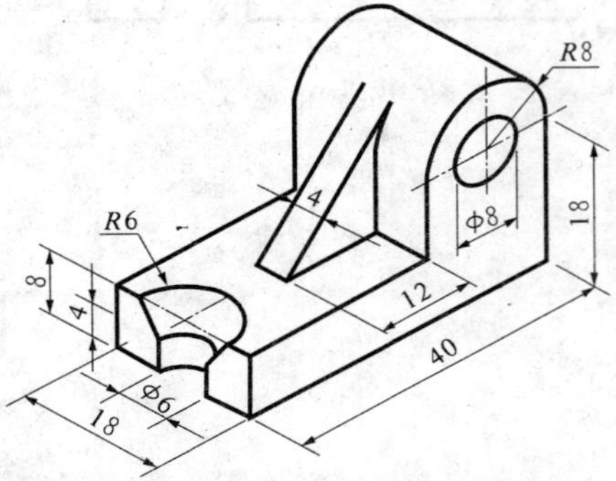

| 10-2 根据立体，测绘其三视图 | 班级 | | 学号 | | 姓名 | | 39 |
|---|---|---|---|---|---|---|---|

二、根据形体的轴测图，画出其三视图(尺寸由轴测图量取)。

1.

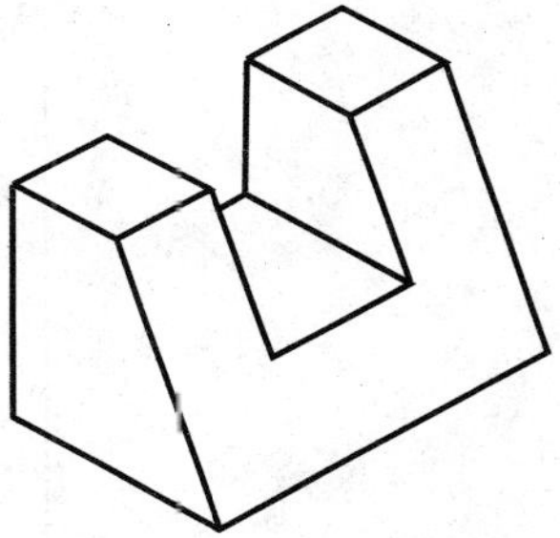

2.

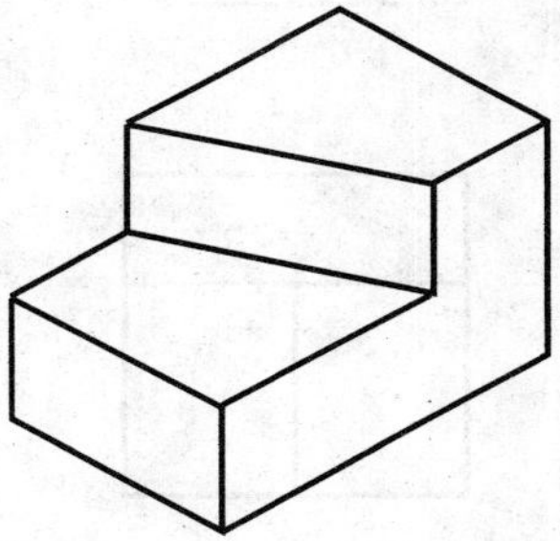

3.

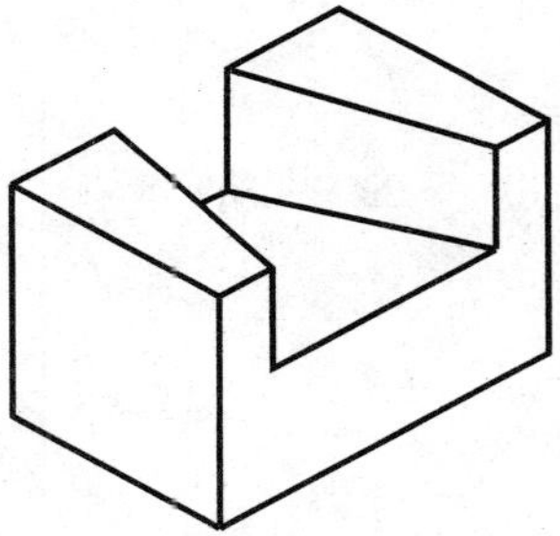

4.

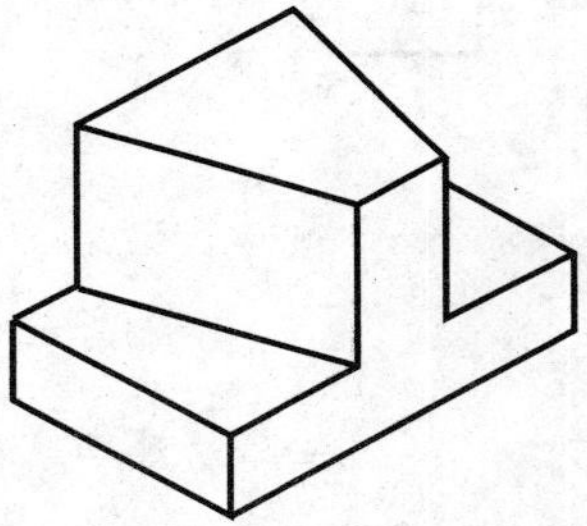

一、已知物体的两个视图，想象其空间形体特征，完成第三视图。

1.

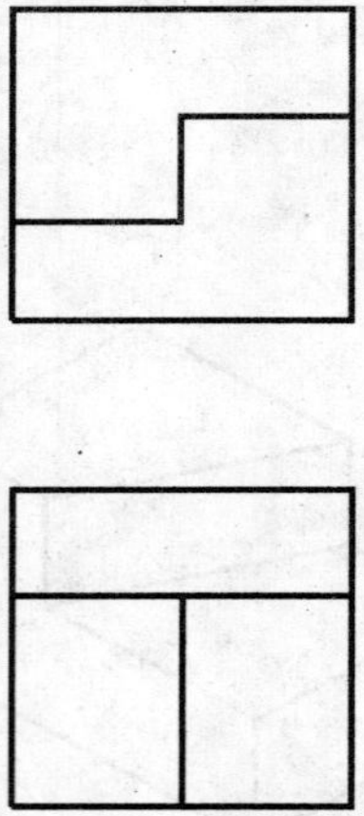

2.

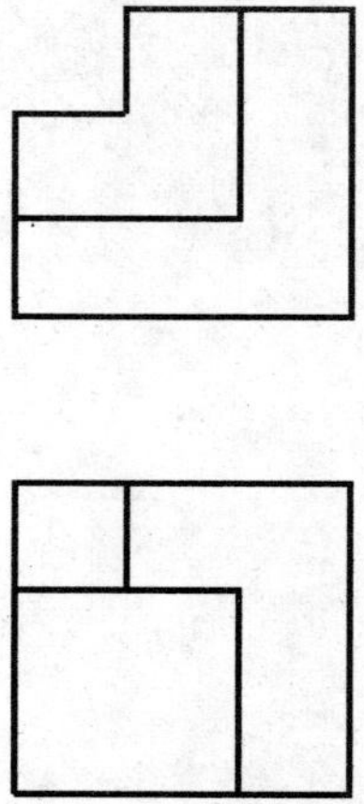

3.

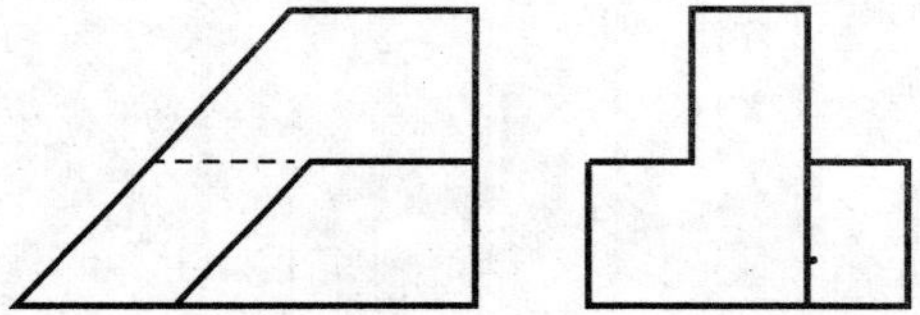

4.

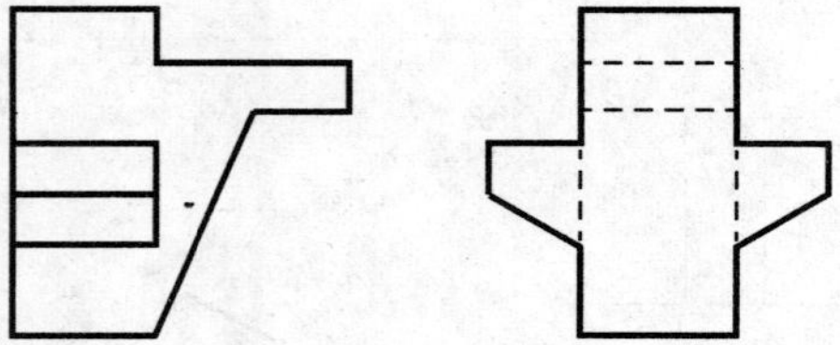

5.

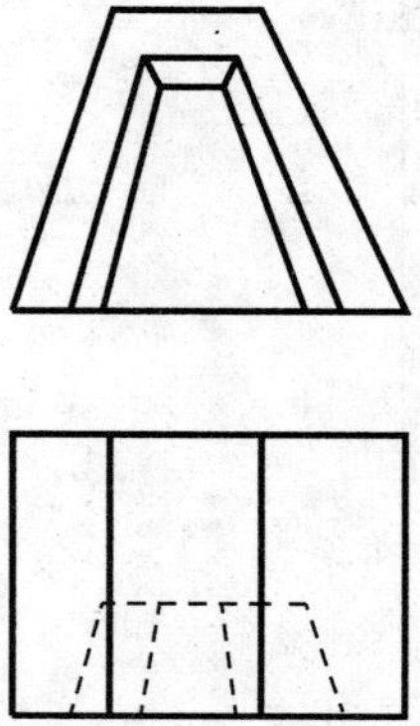

6.

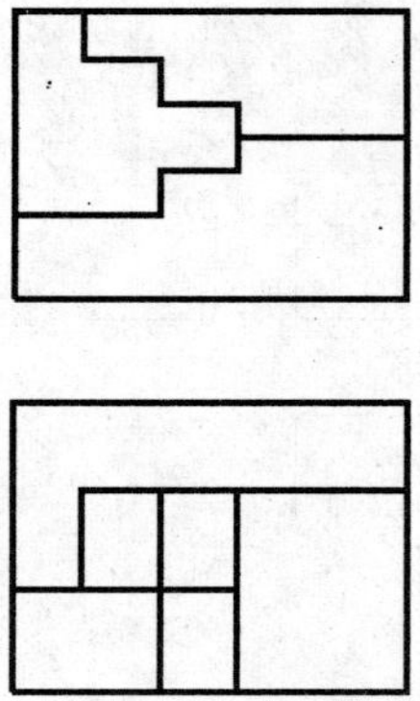

## 10-3 根据两面视图，完成第三视图

班级　　　学号　　　姓名



7.

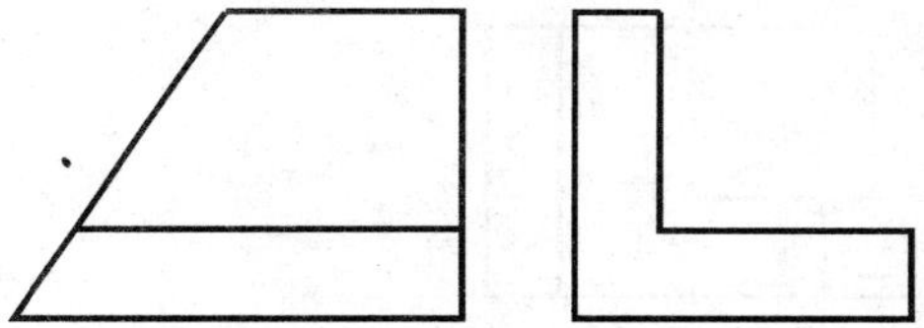

8.

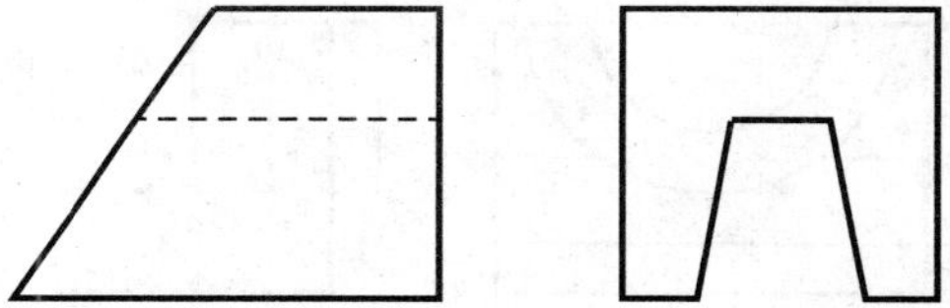

9.

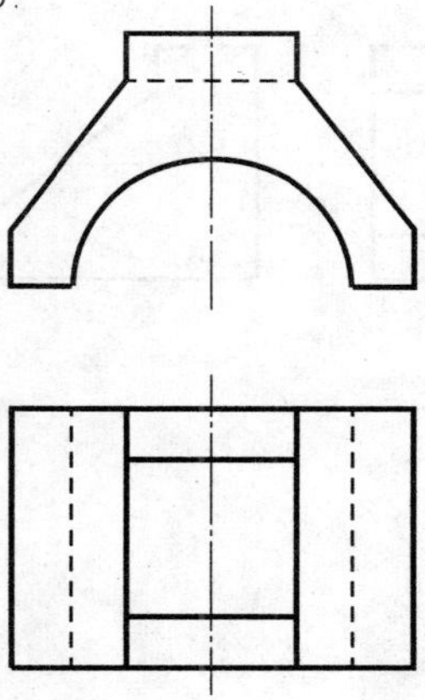

10.

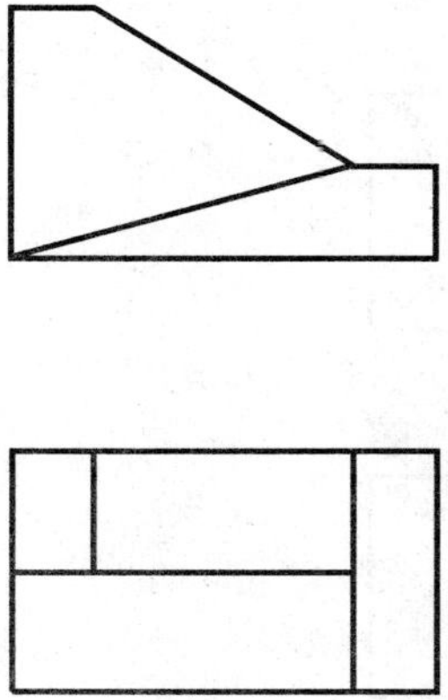

11.

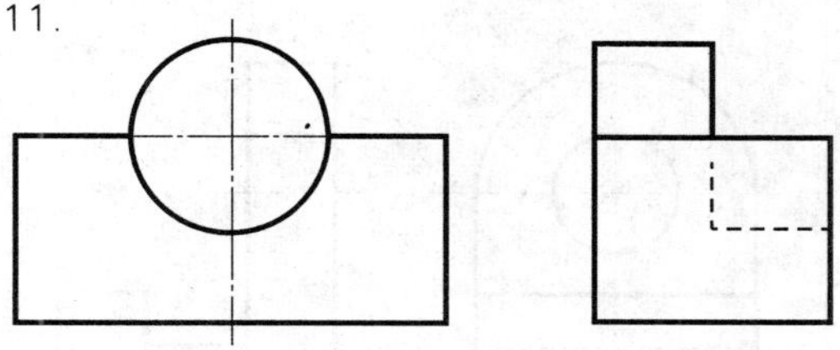

12.

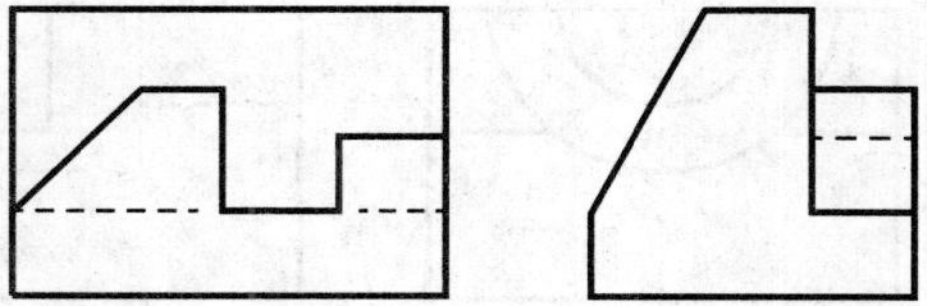

## 10-3 根据两面视图，完成第三视图

班级　　学号　　姓名



13.

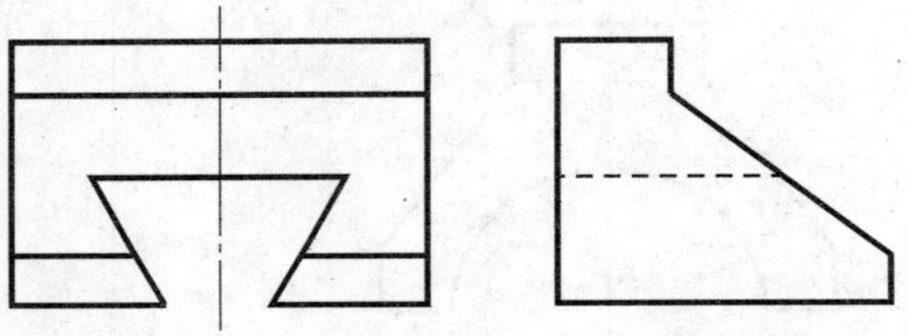

14.

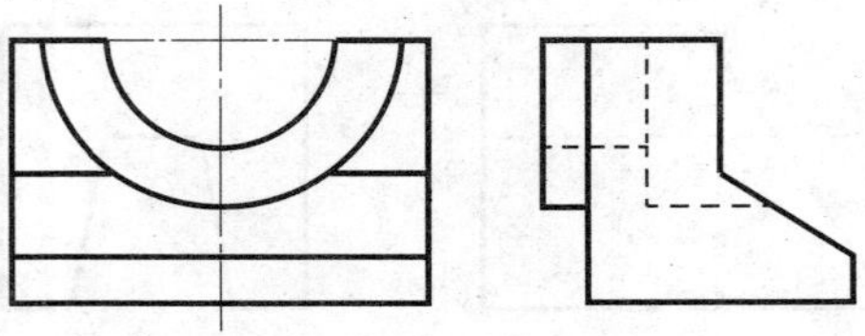

15.

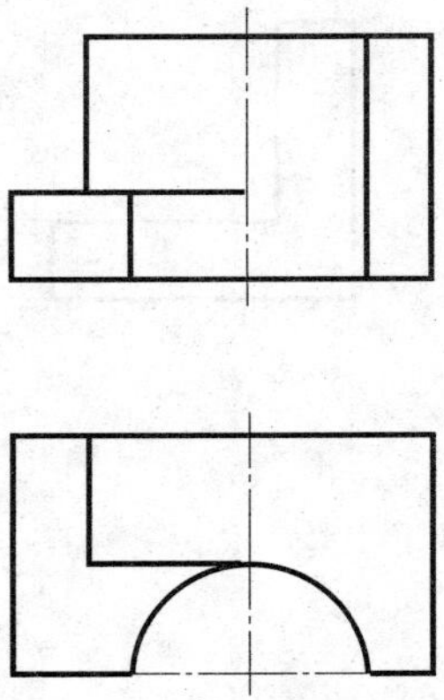

16.

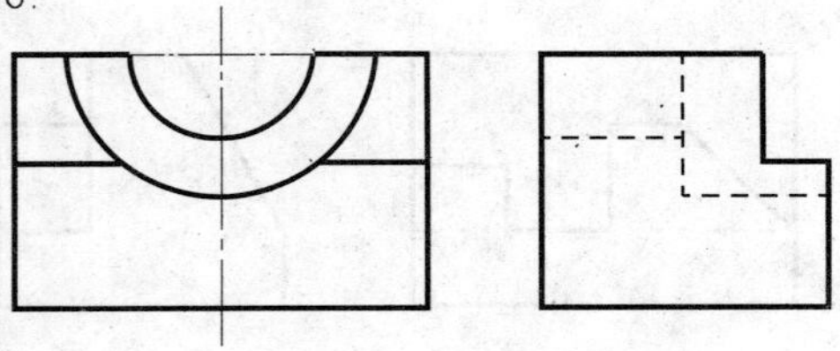

17.

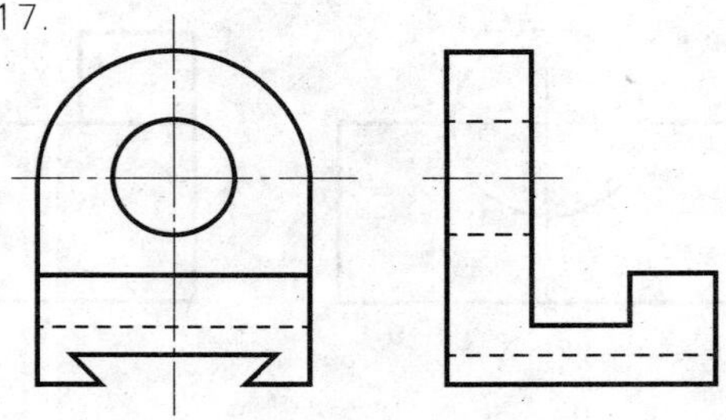

18.

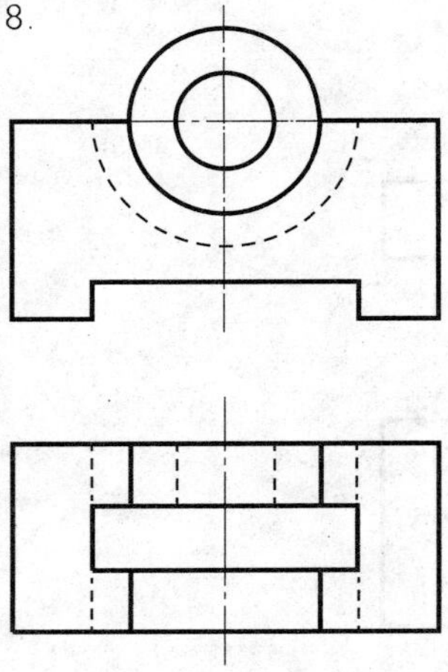

| 10-3 根据两面视图,完成第三视图 | 班级 | | 学号 | | 姓名 | |  |
|---|---|---|---|---|---|---|---|
| | | | | | | | |

19.

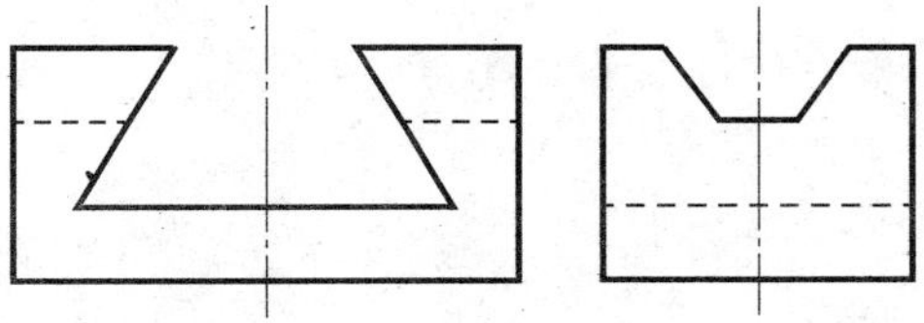

20.

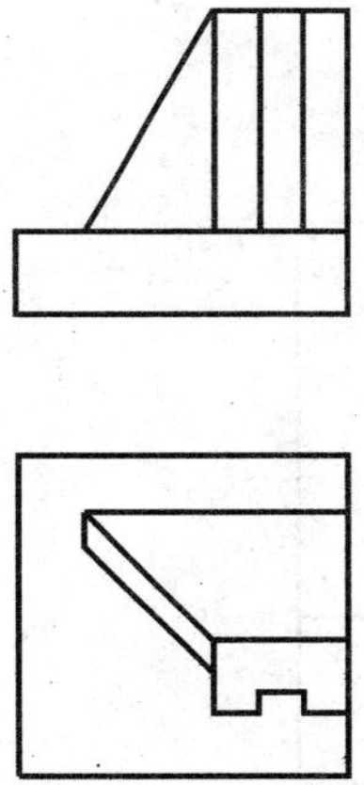

21.

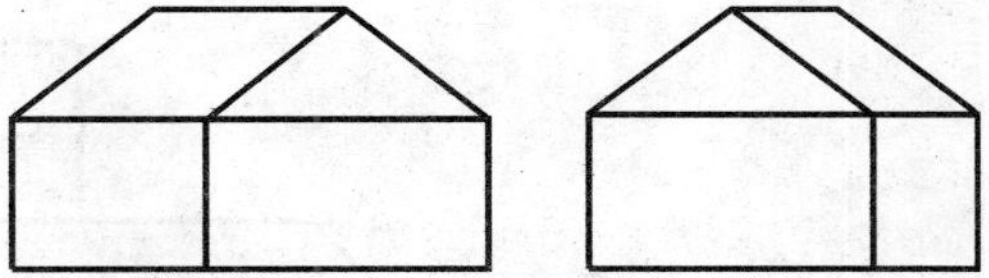

22.

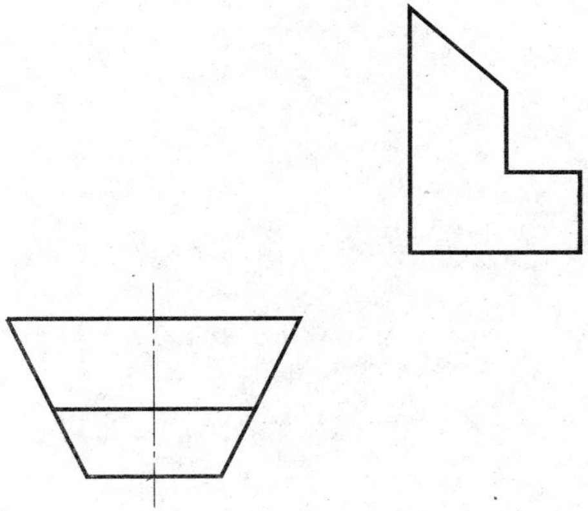

23.

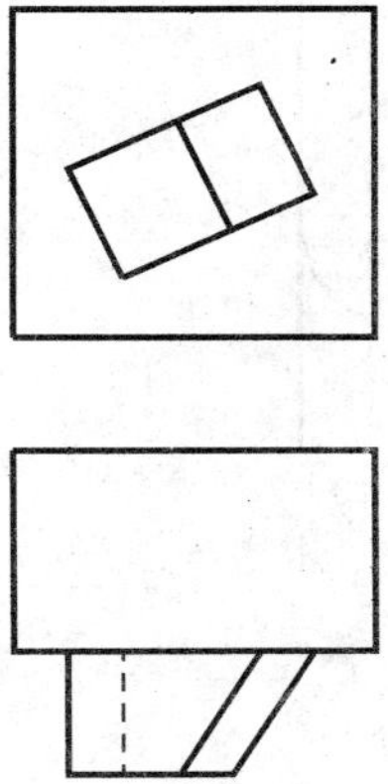

24.

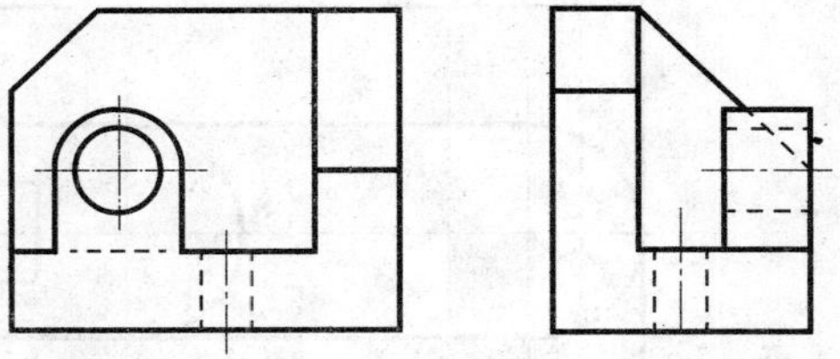

25.

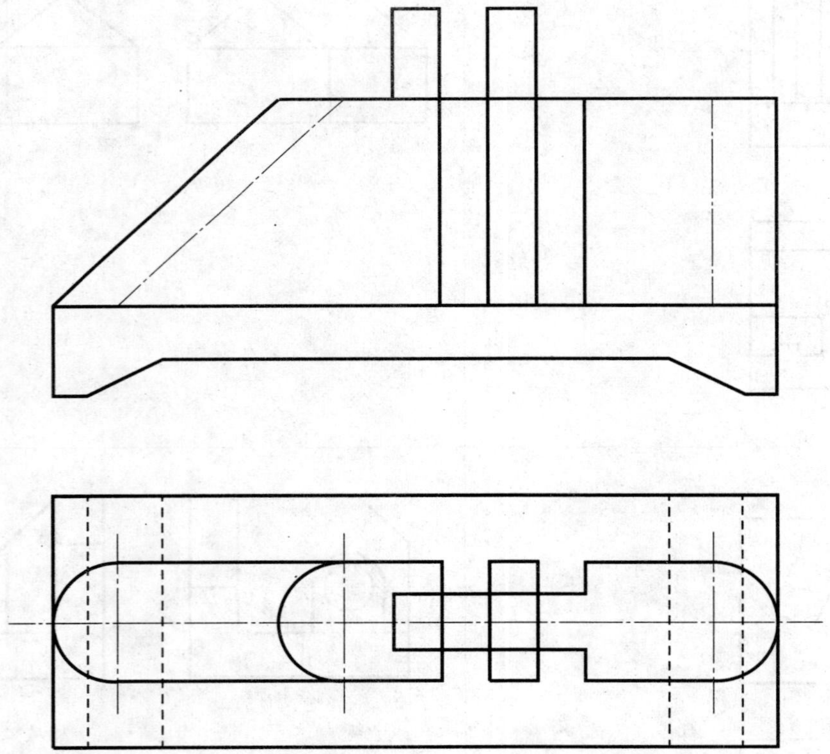

26.

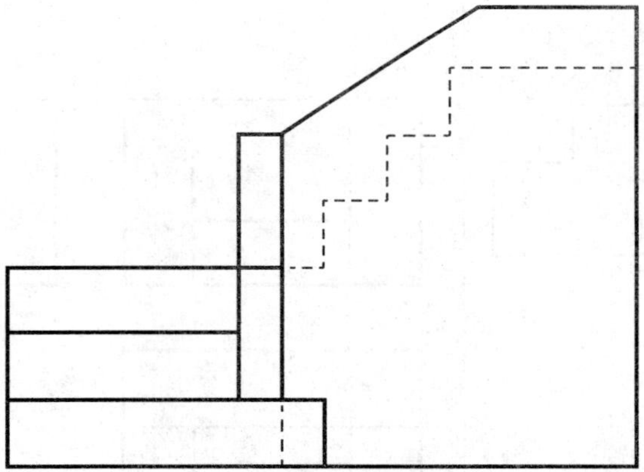
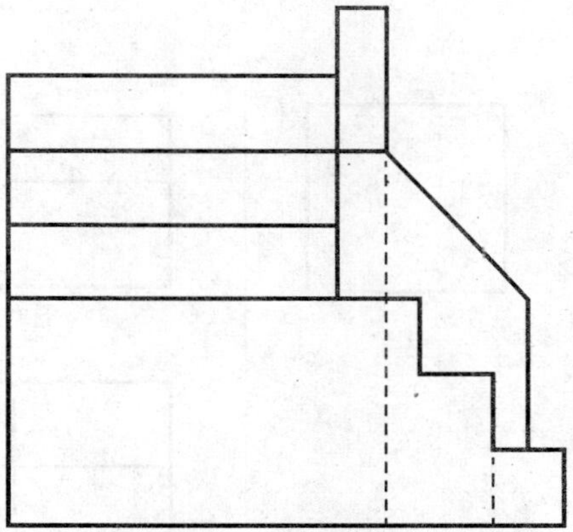

| 10-4 读懂已知物体的三视图，补画视图中漏画的图线 | 班级 | | 学号 | | 姓名 | | 46 |
|---|---|---|---|---|---|---|---|

一、根据组合体构型特点，补出视图中漏画的图线。

1.

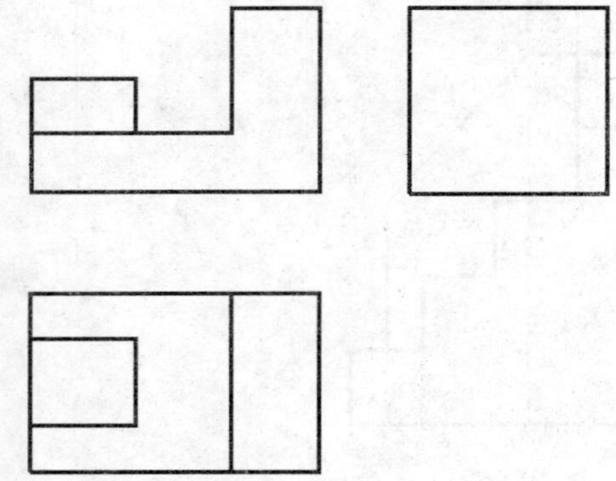

2.

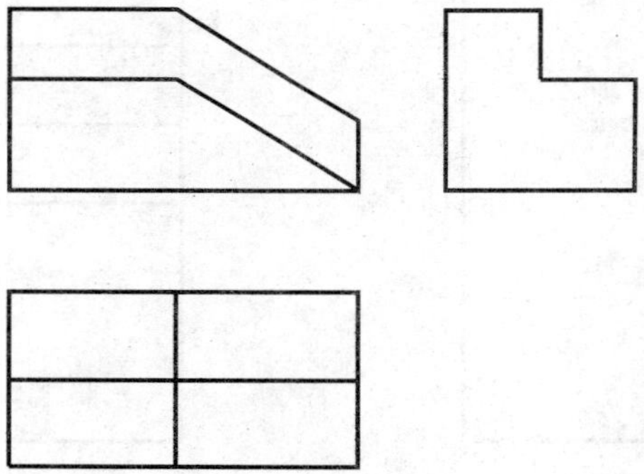

3.

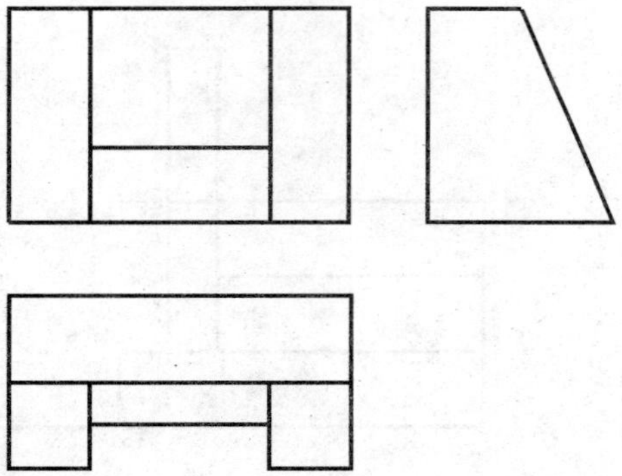

4.

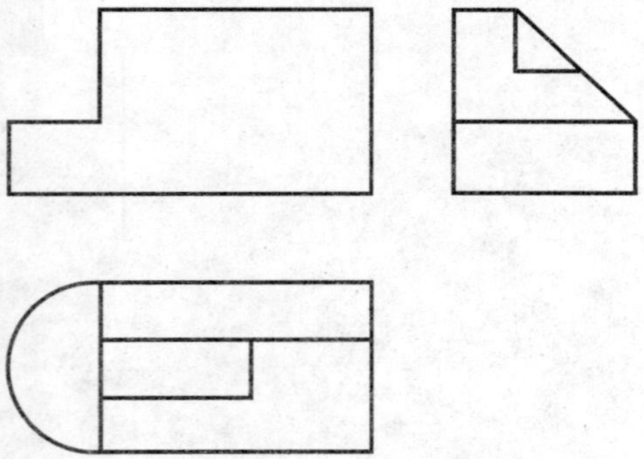

5.

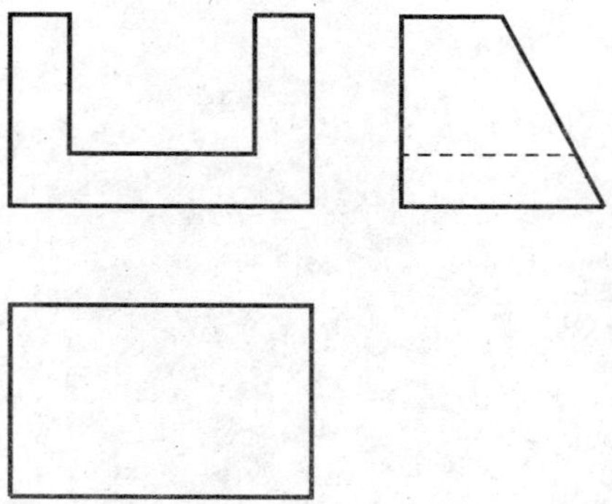

6.

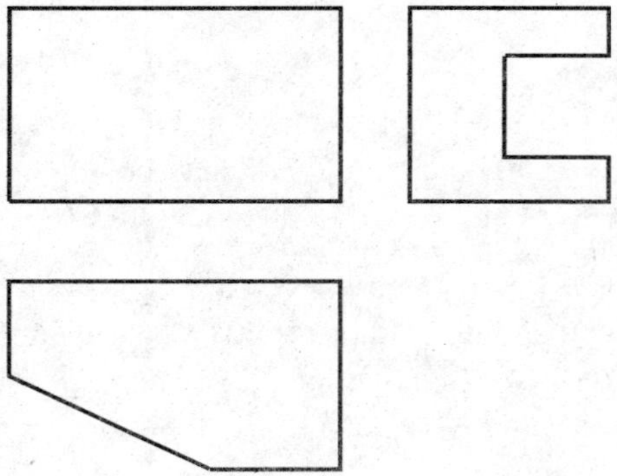

| 10–4 读懂已知物体的三视图，补画视图中漏画的图线 | 班级 | | 学号 | | 姓名 | | 47 |
|---|---|---|---|---|---|---|---|

7.

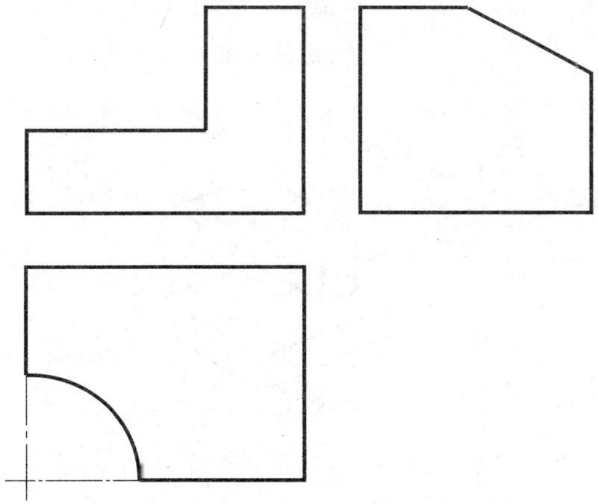

8.

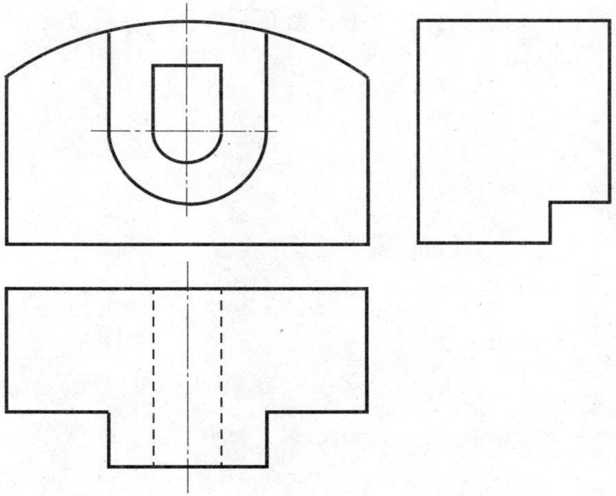

9.

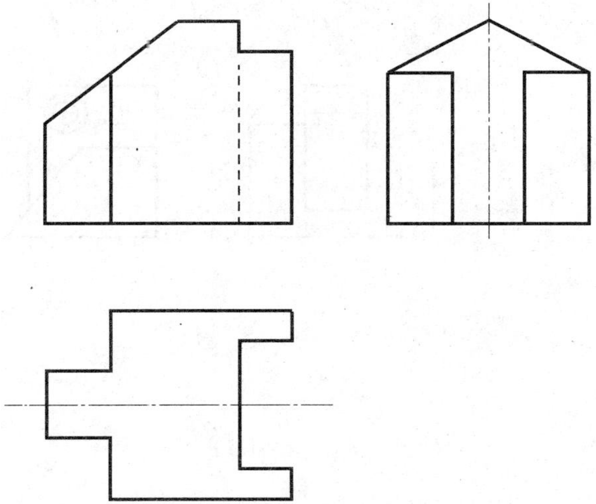

10.

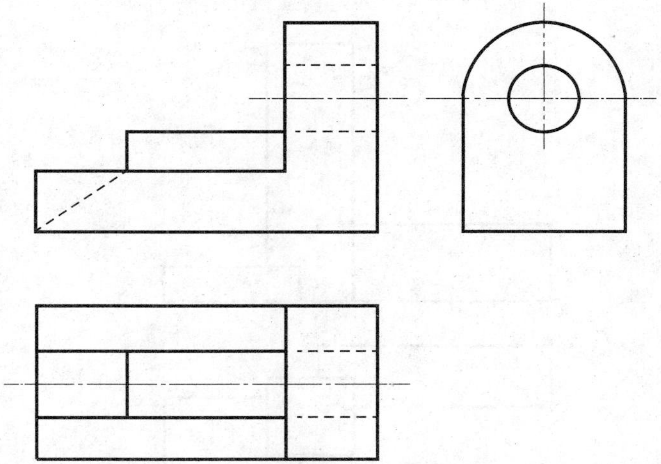

| 11-1 视 图 | 班级 | | 学号 | | 姓名 | | 48 |
|---|---|---|---|---|---|---|---|

1.根据轴测图，以箭头所指方向作为正投影图的投影方向，在指定位置画出六面基本视图。(尺寸从轴测图上直接量取)

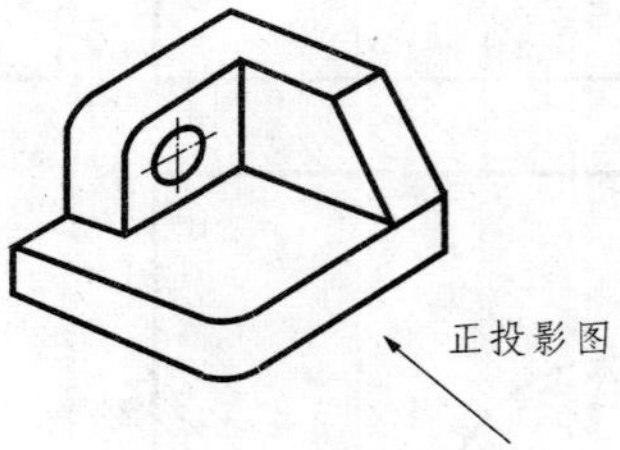


2.按标准配置位置补画建筑模型的左侧立面图和右侧立面图。

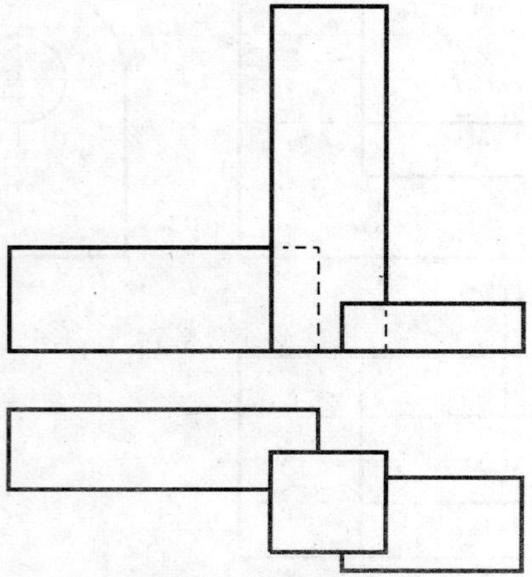

3.按标准配置位置补画俯视图和右视图。

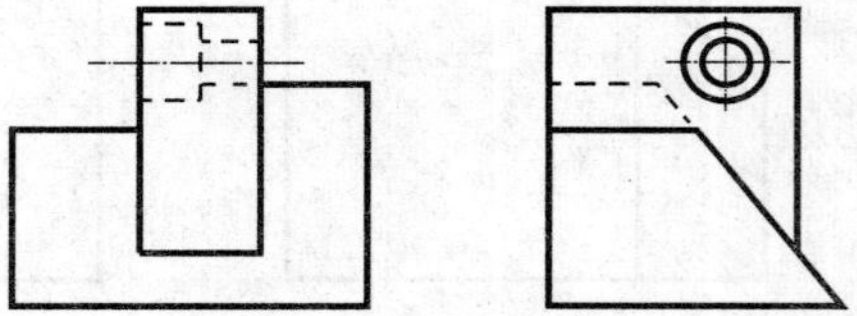

4.在适当位置画出A向视图。

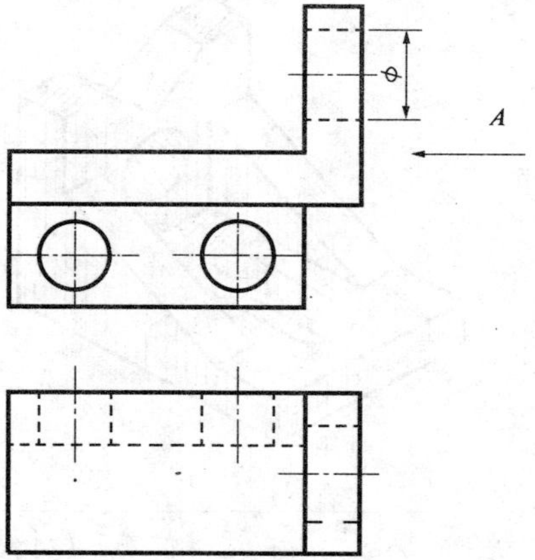


5.画出局部视图A和局部视图B。

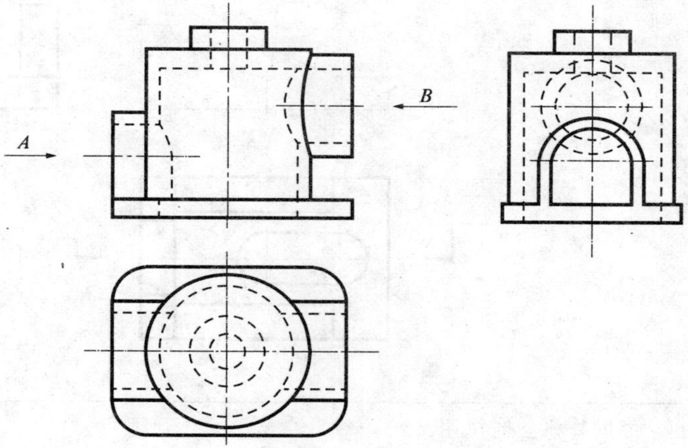

1.补全正投影图并将其改为全剖视图。

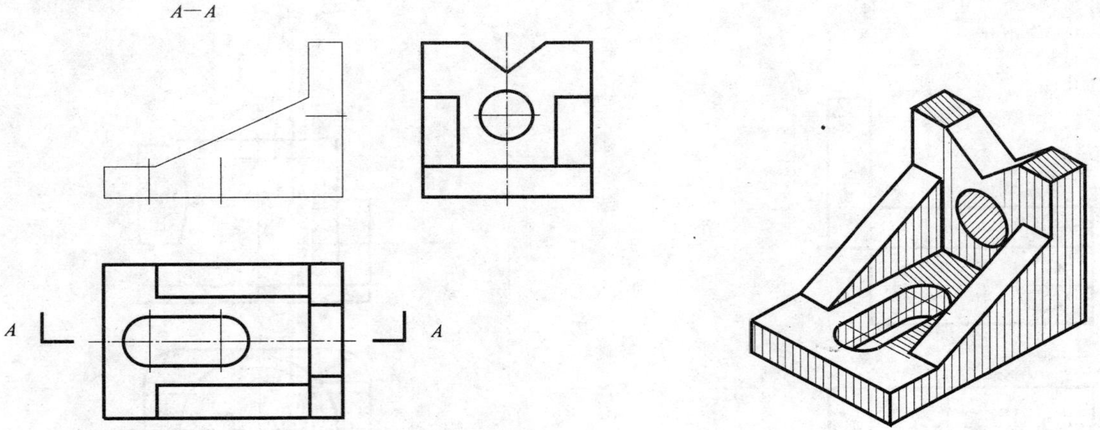


2.作出组合体的1-1全剖视图。

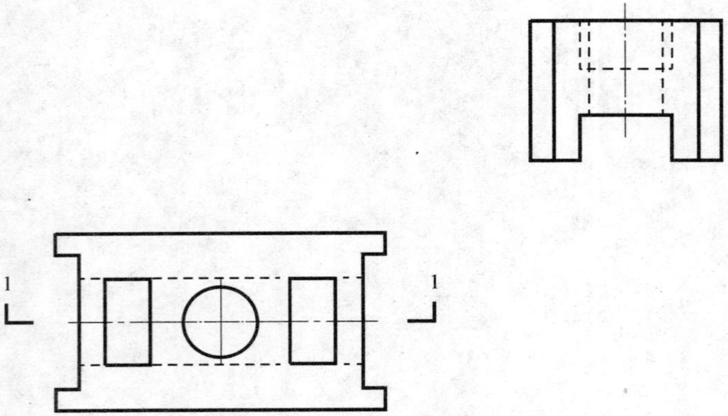


3.将正投影图改为全剖视图，画在适当位置。(材料：浆砌石块)

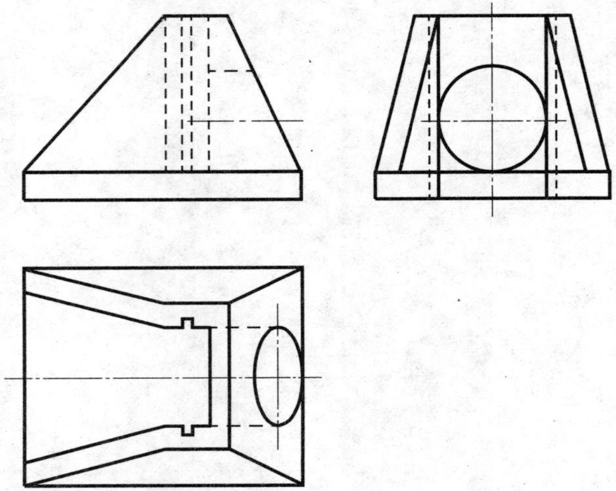

4.将正投影图改画成半剖视图，并补画全剖左视图。(材料: 金属)

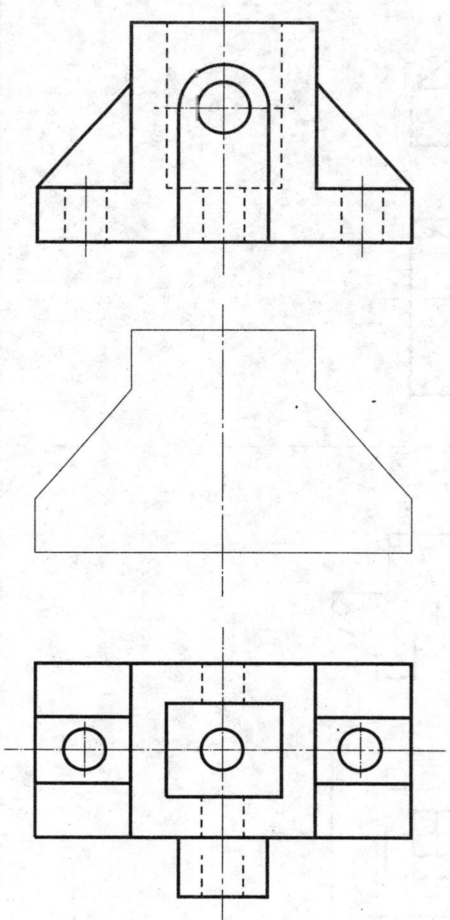

5 补画剖视图中的漏线。(材料: 金属)

(1)

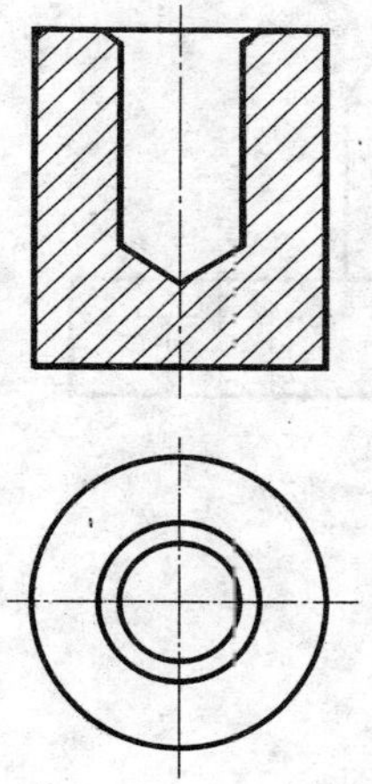

(3)

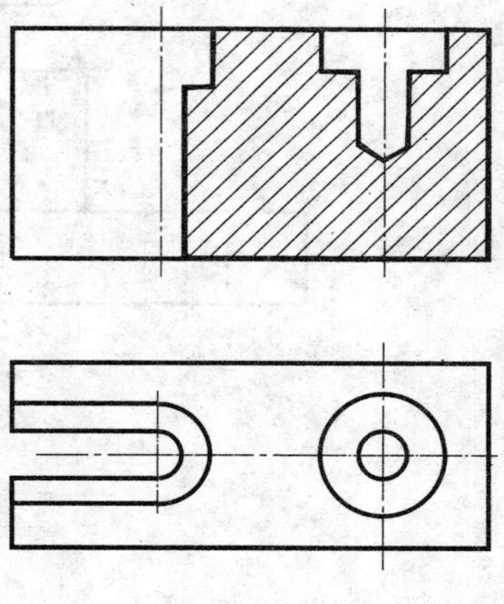

(2)

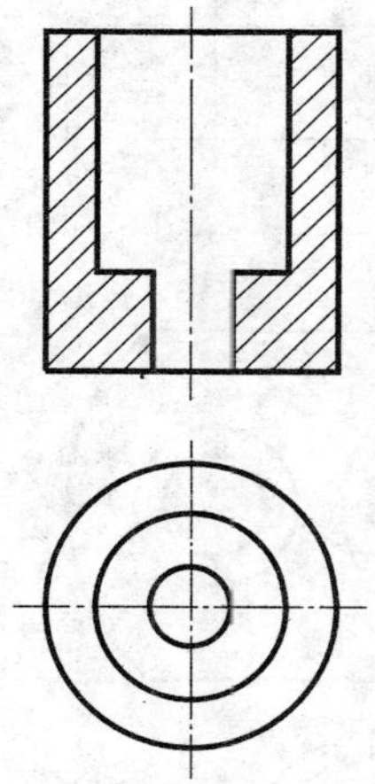

(4)

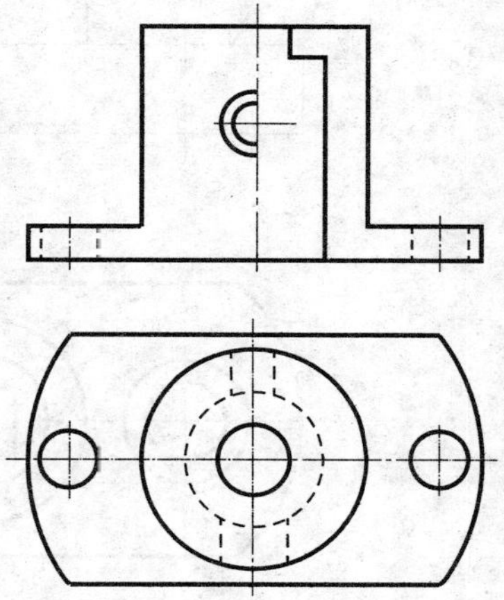

6.将正投影图改为半剖视图，画到指定位置。（材料：金属）

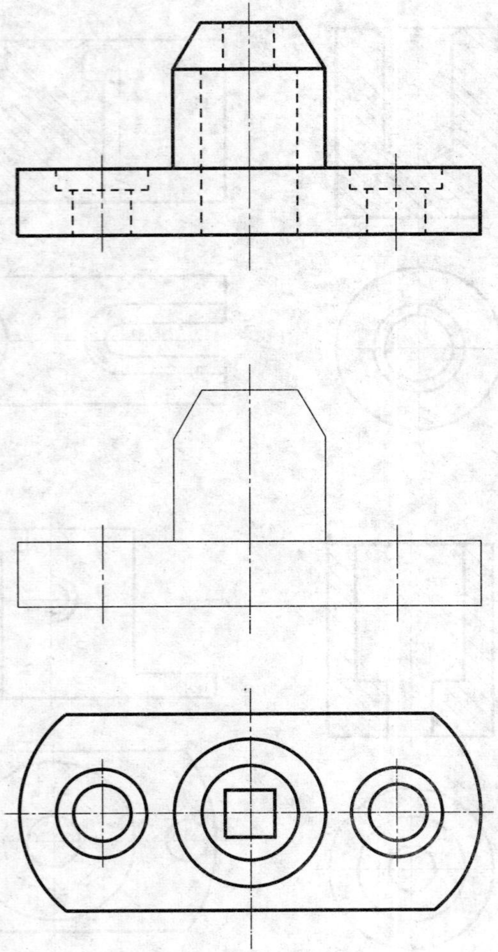

7.完成1-1半剖视图。（材料：钢筋混凝土）

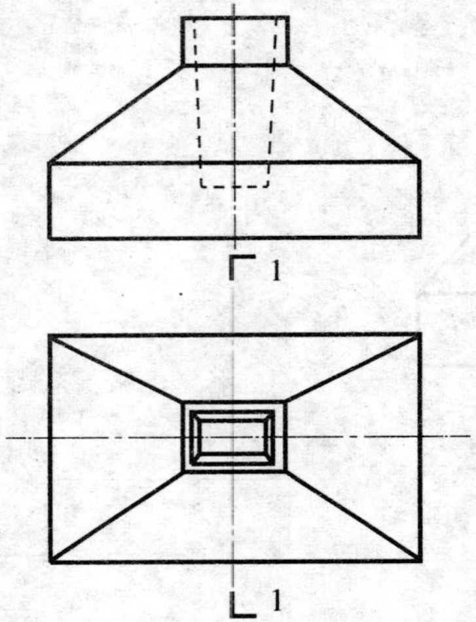


1—1

8.完成2-2半剖视图。（材料：金属）

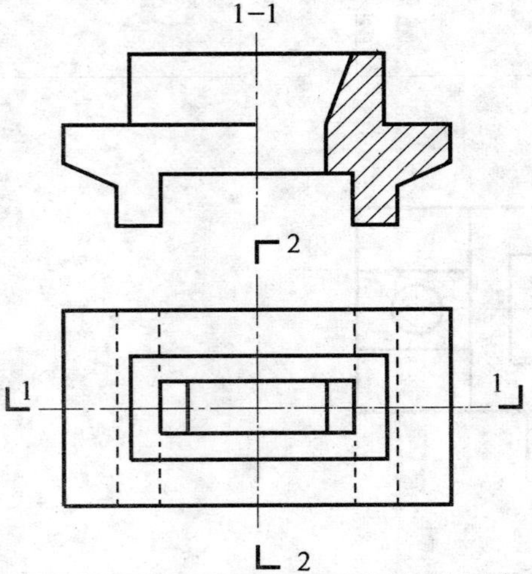


2—2

9.将渡槽基础的正投影图改为半剖视图，画在指定位置。(材料: 混凝土)

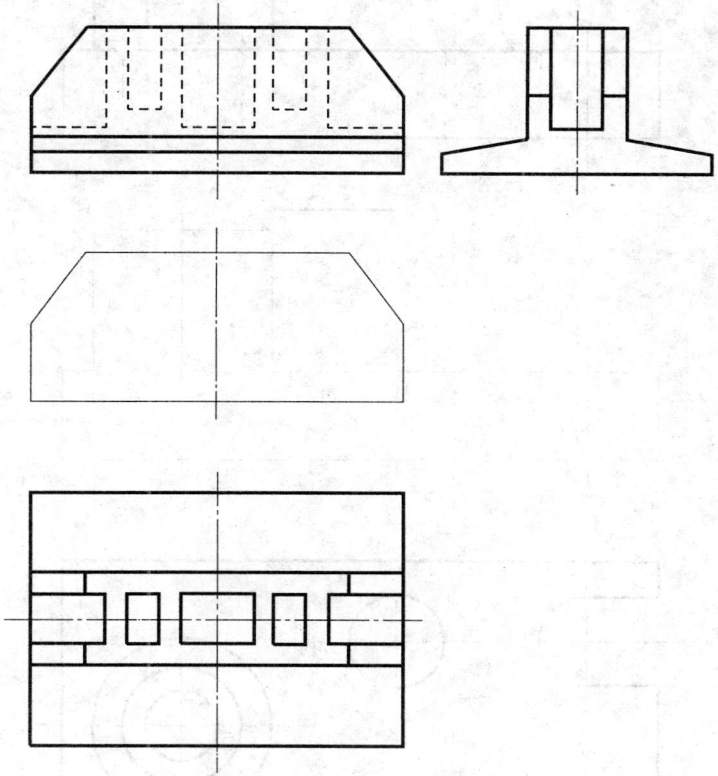

10.完成U形渡槽正投影图的半剖视图。(材料: 钢筋混凝土)

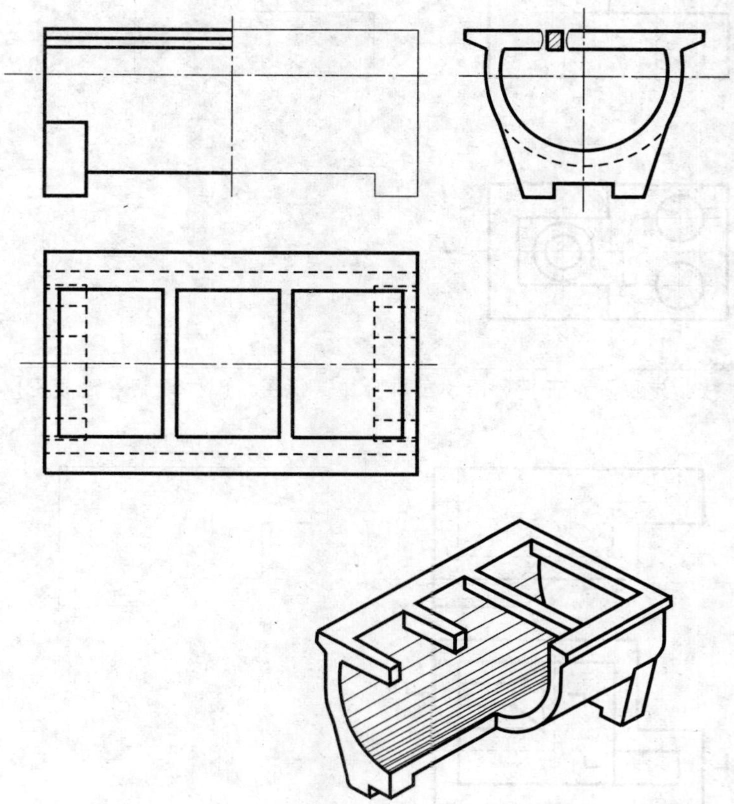

11.按指定位置将正投影图改为1—1剖视图。(材料:金属)

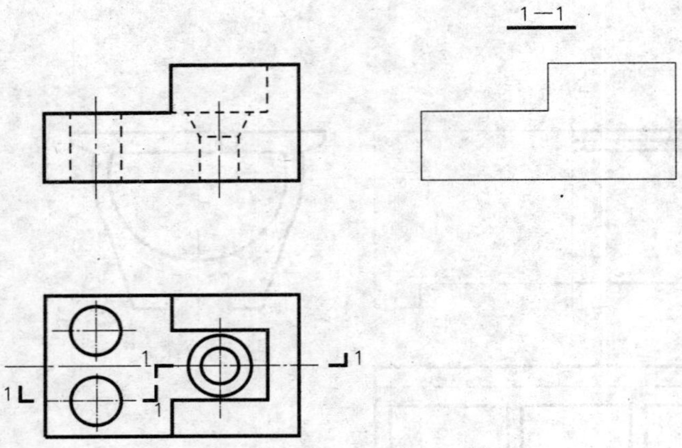


12.按指定位置将正投影图改画成阶梯剖视图。(材料:钢筋混凝土)

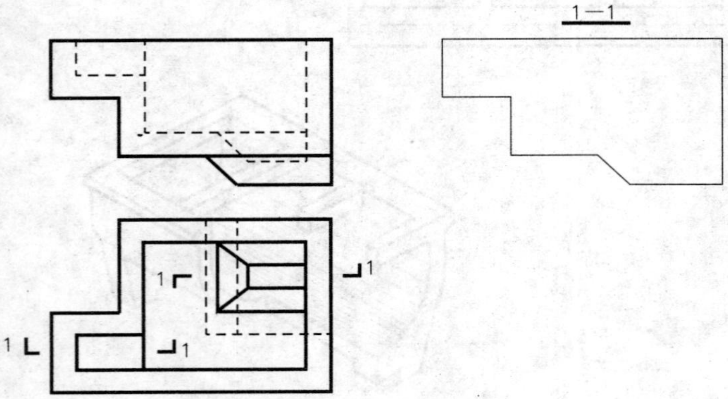


13.按指定位置将正投影图改画成 *A*—*A*阶梯剖视图。(材料:钢筋混凝土)

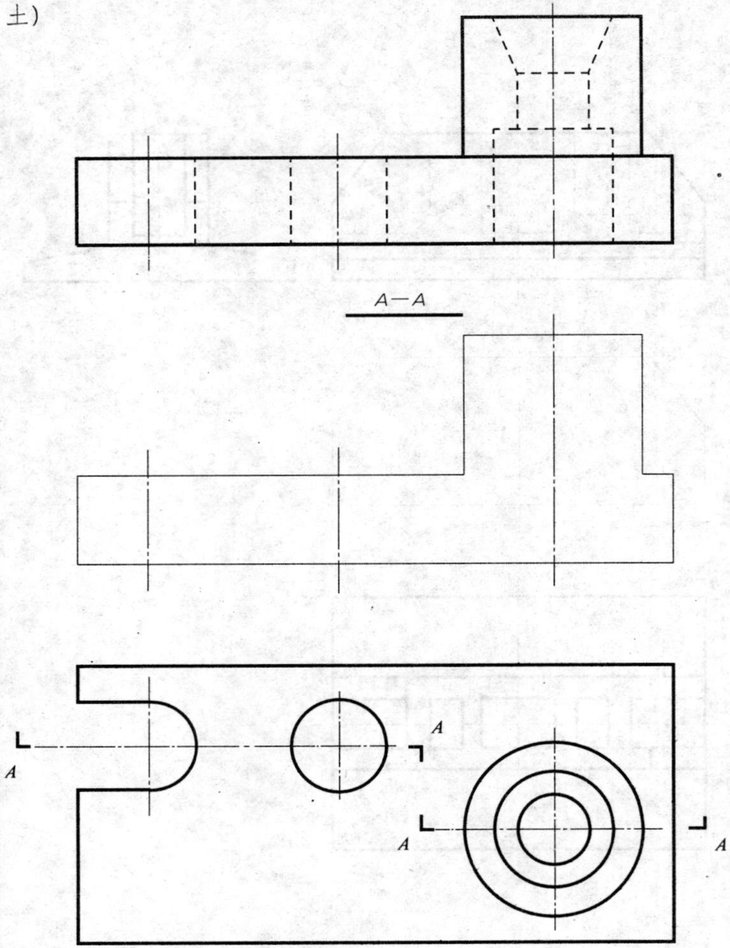

14. 在指定位置作A—A旋转剖视图。(材料: 金属)

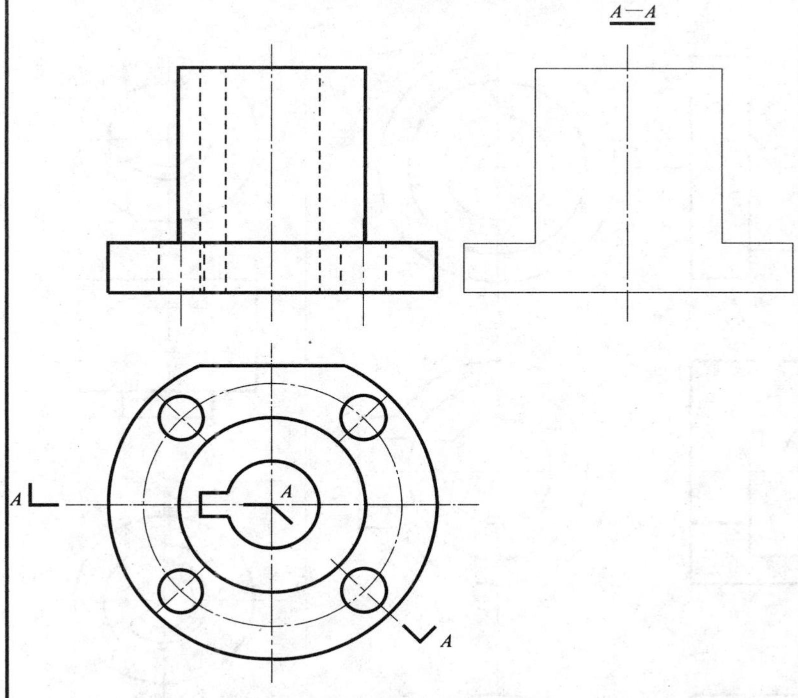


15. 按指定位置将正投影图改画成旋转剖视图并标注。(材料: 金属)

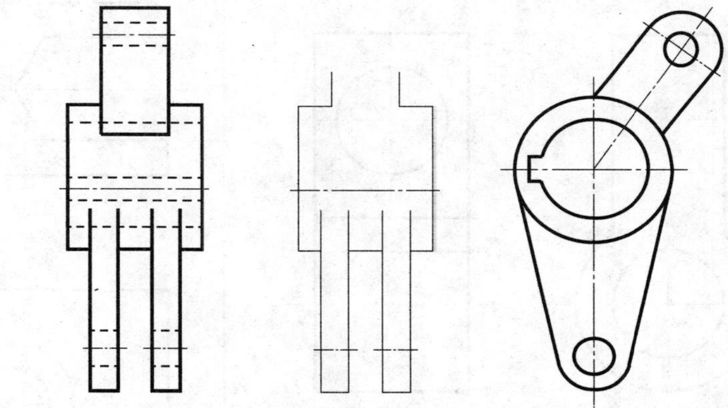

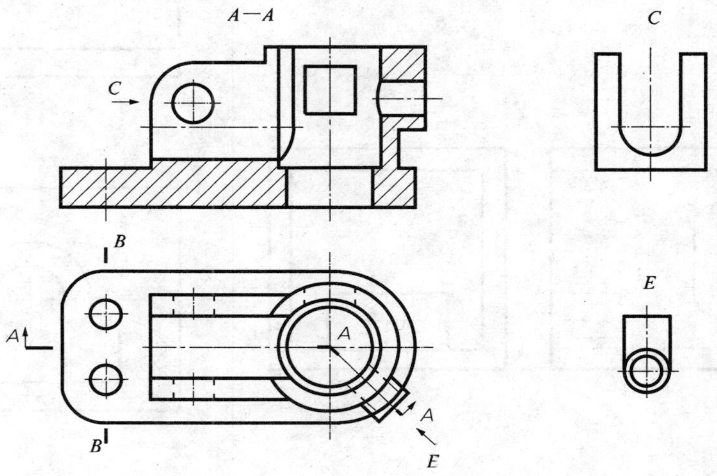


16. 根据视图读懂形体, 选择正确的左视图并在括号内填✓或× 。

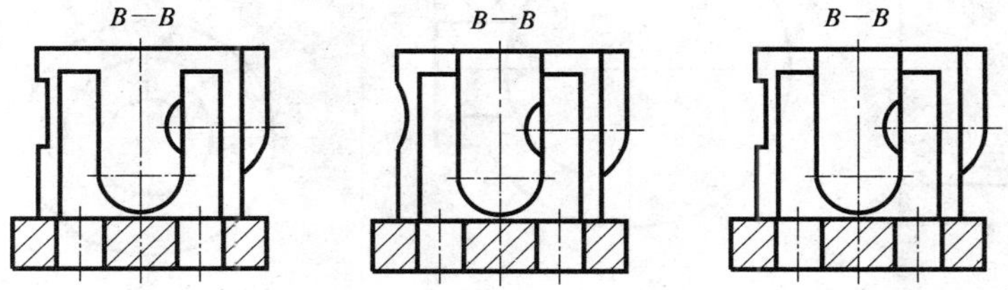


(　　)　　(　　)　　(　　)

## 11-2 剖视图

班级 学号 姓名



17.将主视图和左视图分别改为局部剖视图。(材料:金属)

(1)

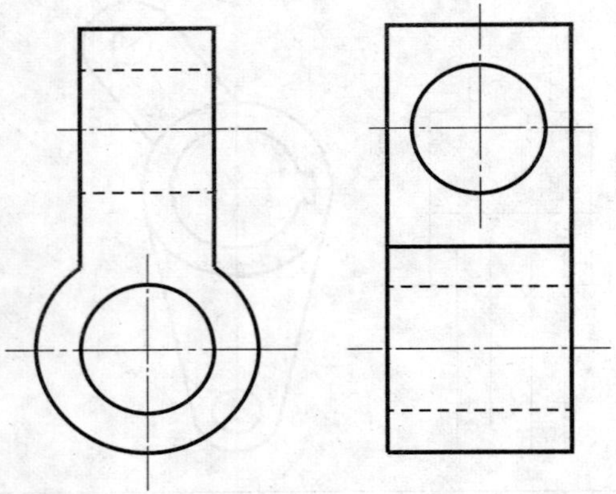

(2)

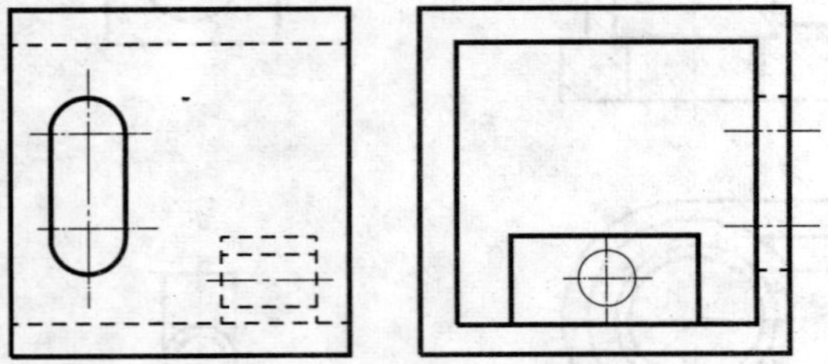

18.找出局部剖视图中的错误，并改正。

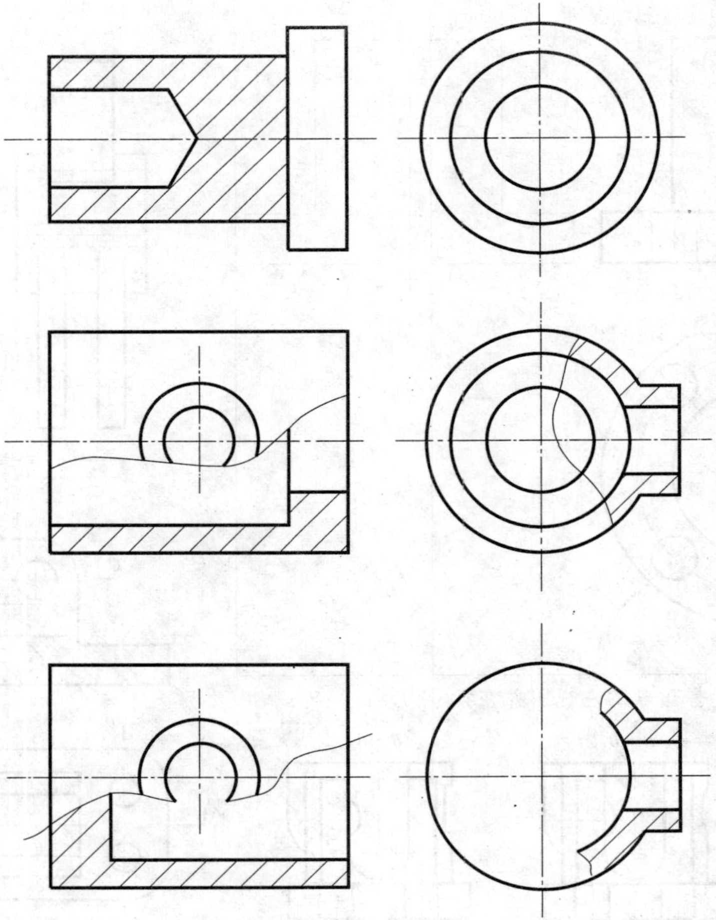

19.下面形体的主视图中正确的是(    )。

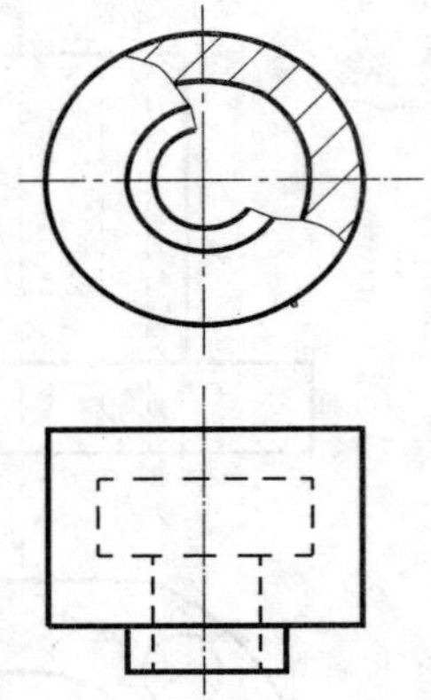

(a)

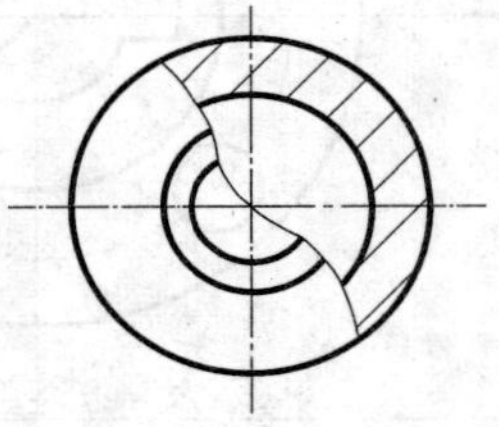

(b)

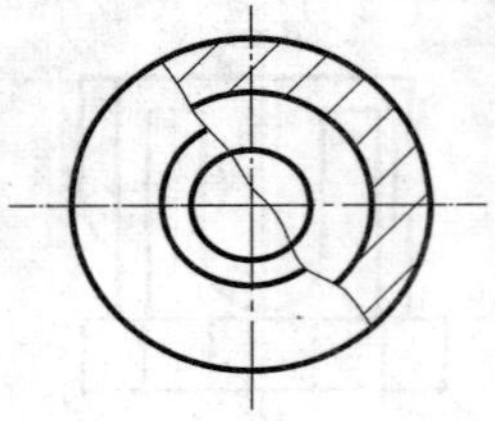

(c)

| 11-3 断面图 | 班级 | | 学号 | | 姓名 | | 57 |
|---|---|---|---|---|---|---|---|

1.作檩条的1—1、2—2断面图。(材料:混凝土)

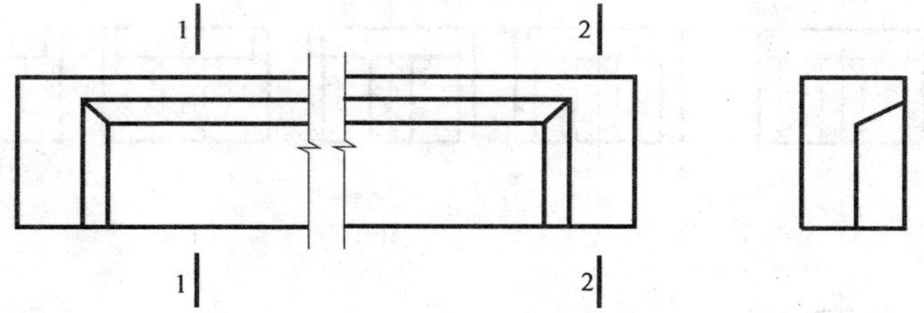


2.作"T"形梁的2—2剖面图。

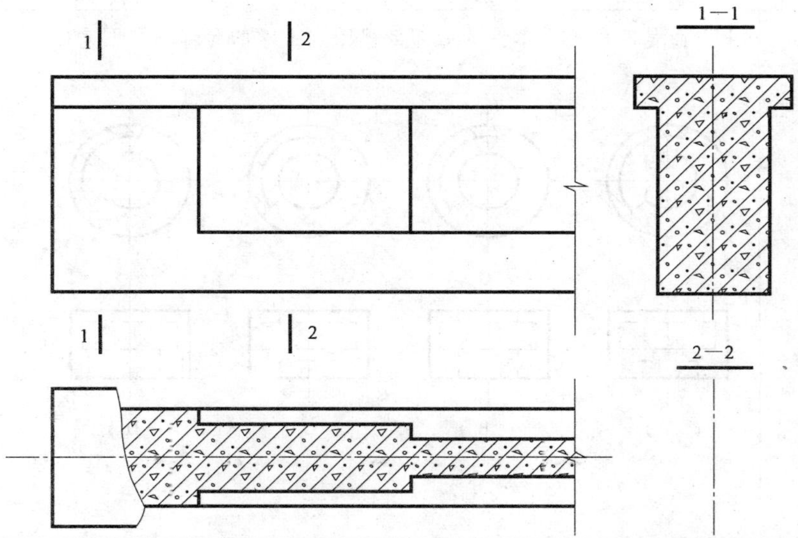


3.画出柱1—1、2—2、3—3断面图。(材料:金属)

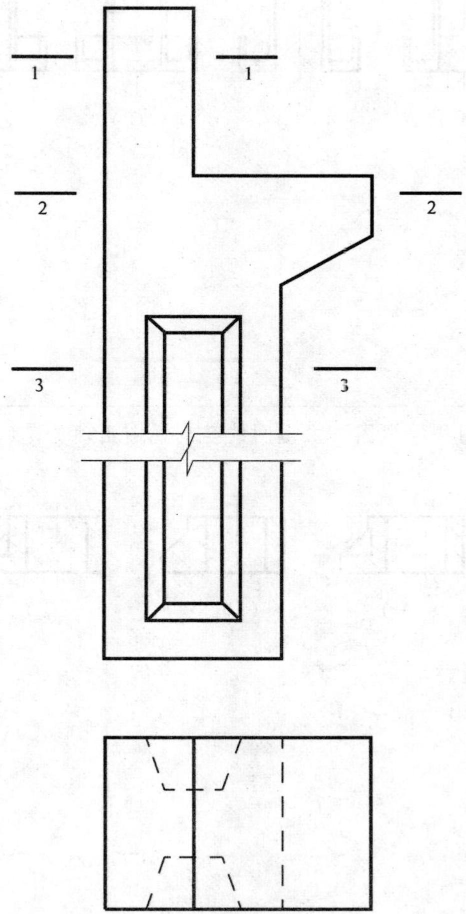

1.已知立体的主视图和俯视图，正确的左视图是(　)。

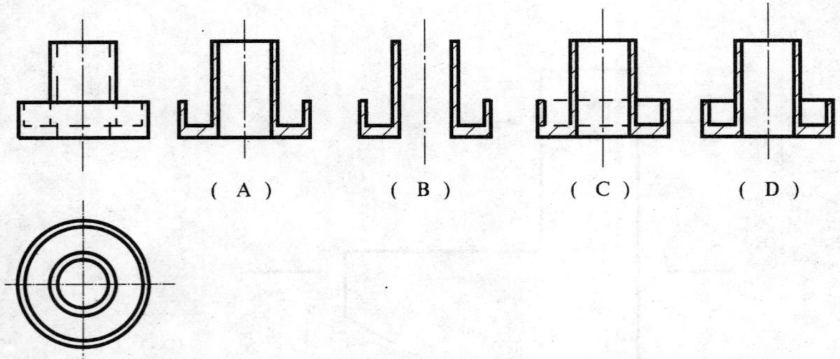


2.已知立体的主视图和俯视图，正确的左视图是(　)。

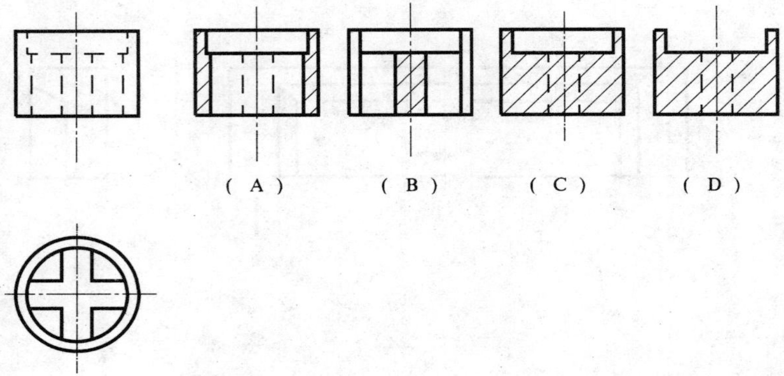


3.已知立体的主视图和俯视图，主视图的全剖视图正确的是(　)。

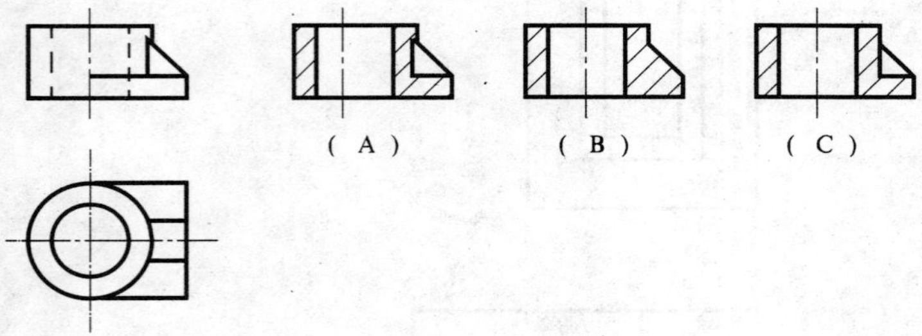


4.下面是四种不同零件的局部剖视图，正确的局部剖视图是(　)。

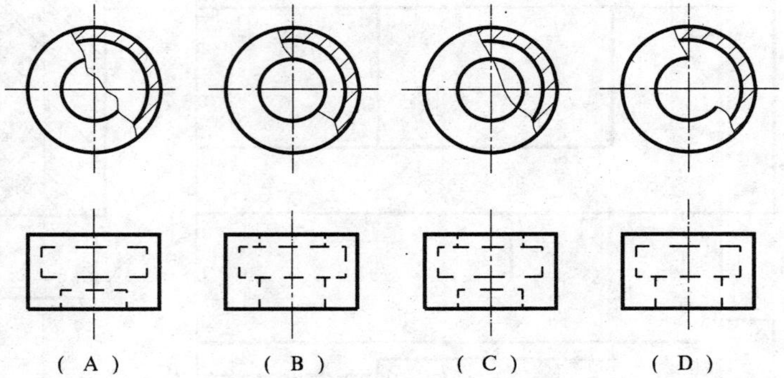

5.下列四组剖视图中，正确的是(　)。

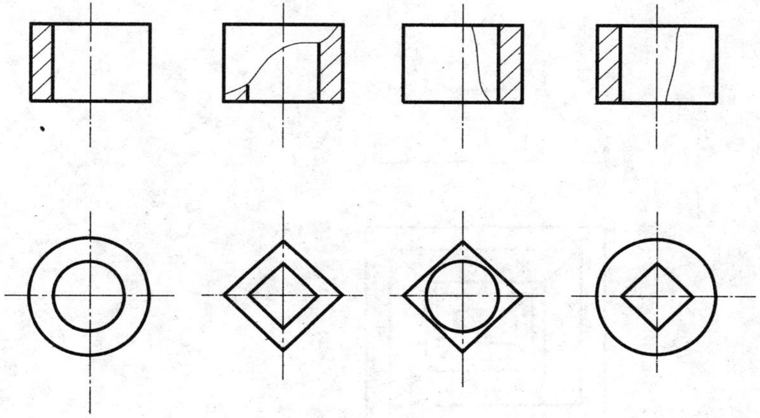

(A)　(B)　(C)　(D)

6.下列四组移出断面图中，正确的是(　)。

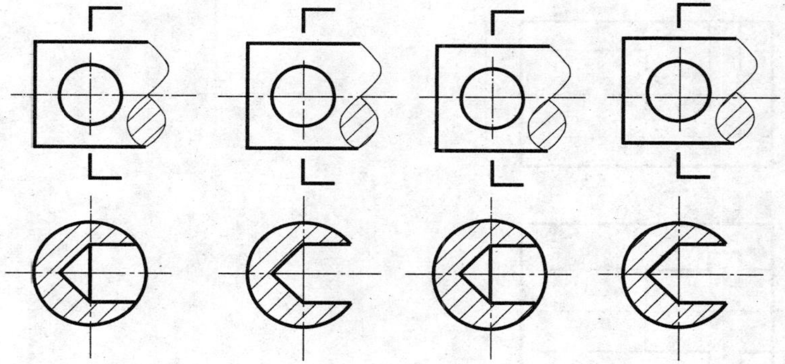

(A)　(B)　(C)　(D)

7.下列四组重合断面图中，正确的是(　)。

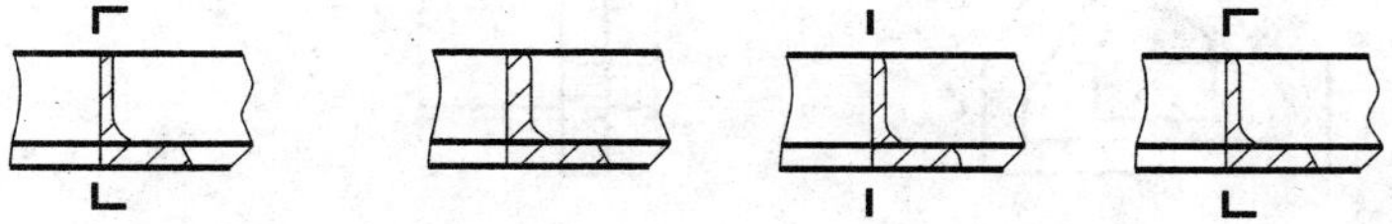

(A)　(B)　(C)　(D)

8.下列四种$A—A$移出断面图，正确的是(　)。

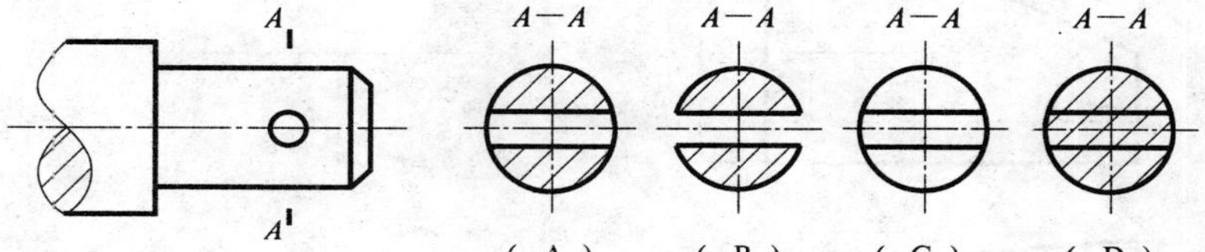


(A)　(B)　(C)　(D)

9.把涵洞主视图改为适当剖视图，画到适当位置并补绘左视图。(材料：混凝土)

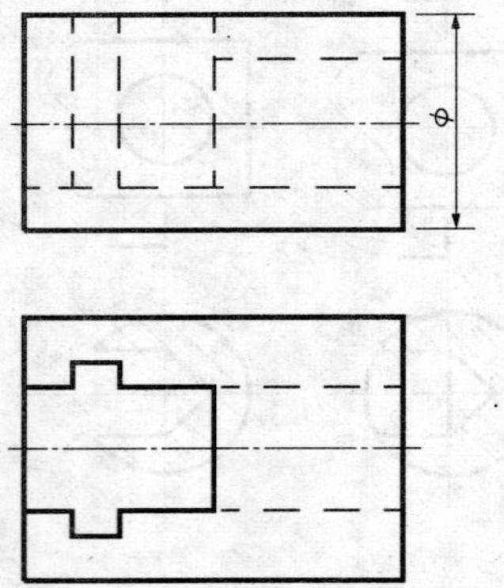


10.把基础的主视图改为适当剖视图，画到适当位置并补绘左视图。(材料：混凝土)

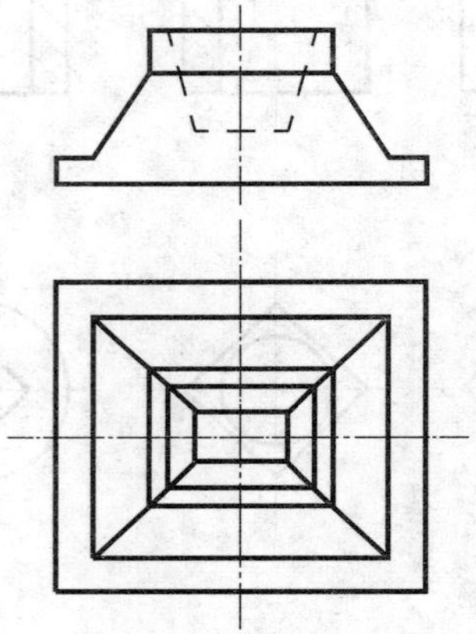

11.把涵洞出口主视图改为适当剖视图，画到适当位置并补绘左视图。(材料：混凝土)

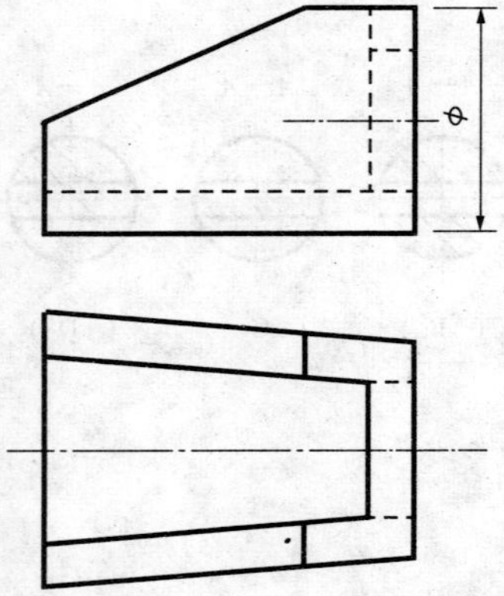


12.把涵洞的左视图改为适当剖视图，画到适当位置并补绘俯视图。(材料：混凝土)

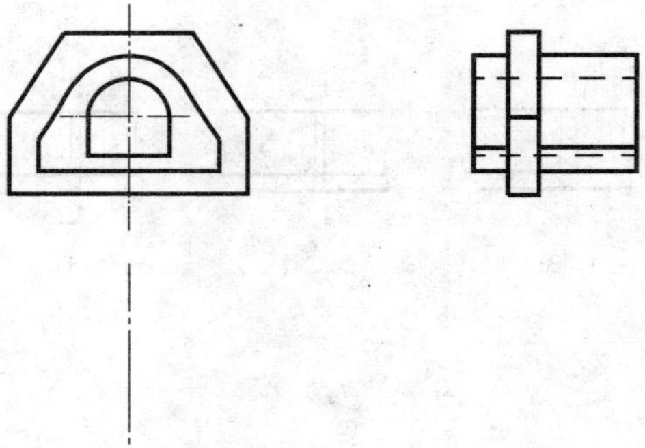

13.根据下列两个形体的模型(轴测图)的特点，选用适当的表达方法画出其视图(草图)，并将其中一个用1:1的比例抄绘在A3幅面图纸上。要求表示方法恰当、投影正确、尺寸标注齐全并合理、图面工整清晰。

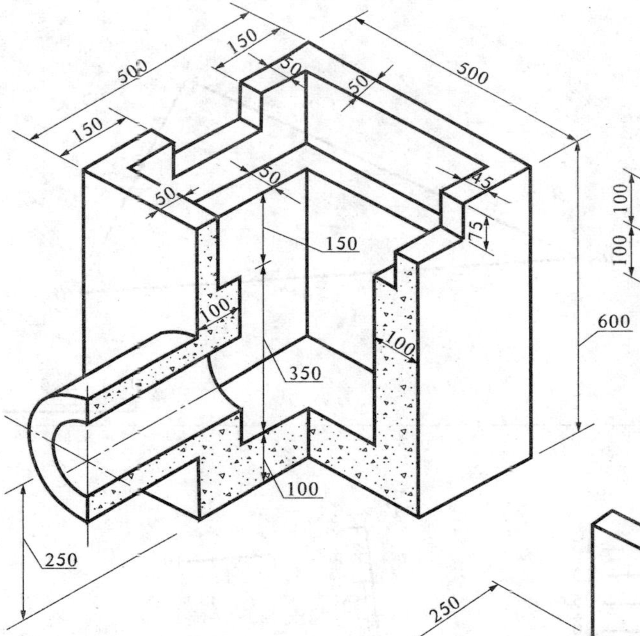


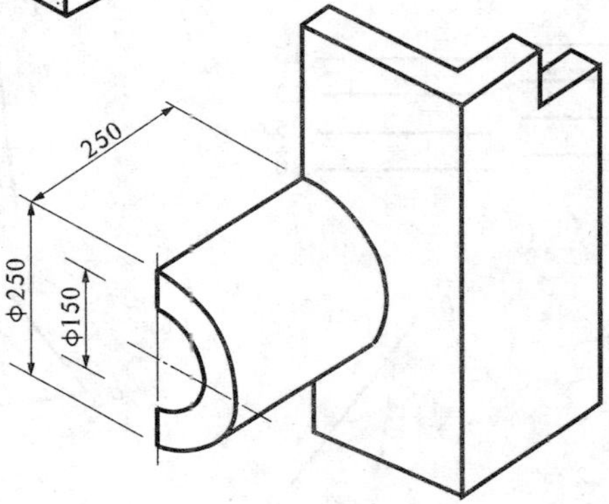


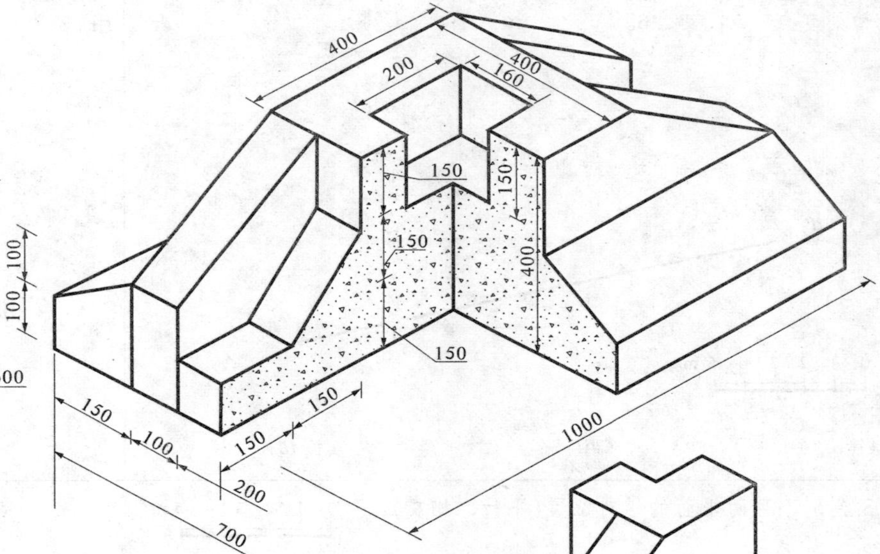


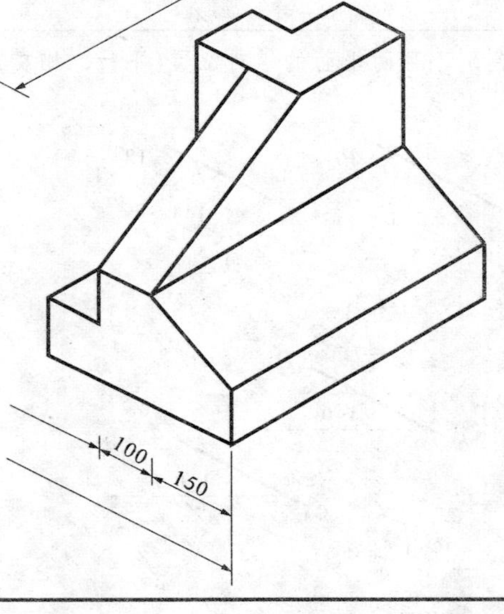

| 12-1 直线与平面的标高投影 | 班级 | | 学号 | | 姓名 | | 62 |
|---|---|---|---|---|---|---|---|

1. 已知直线段$AB$的标高投影$a_{2.5}$、$b_{6.3}$，求作直线$AB$的坡度、平距和刻度点3、4、5、6。

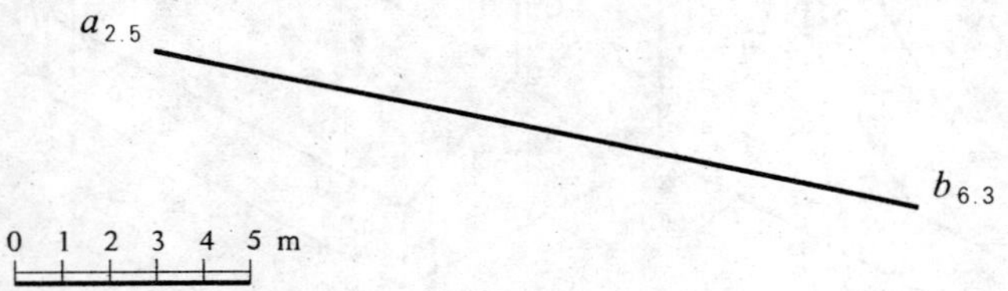


坡度$i$=　　　　平距$l$=　　　　实长$AB$=

2. 已知$\triangle ABC$的标高投影$\triangle a_0b_{3.5}c_{6.8}$，求作该平面上的等高线(高差为1m)及该平面对$H$面的倾角$\alpha$。

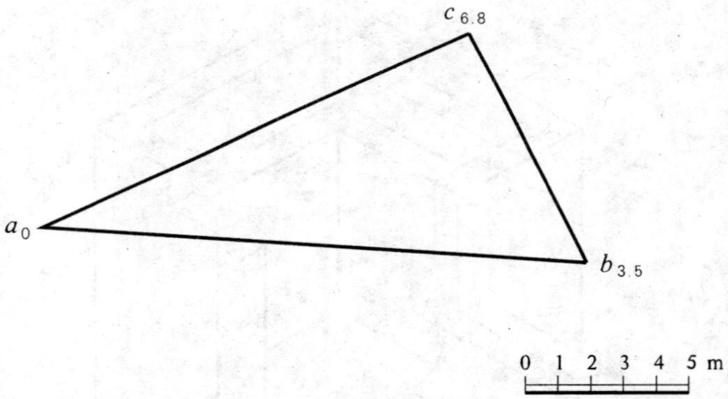


3. 判别下列两平面的相对位置(平行、相交)。

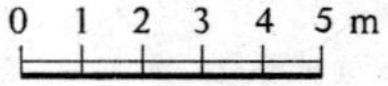


(1)

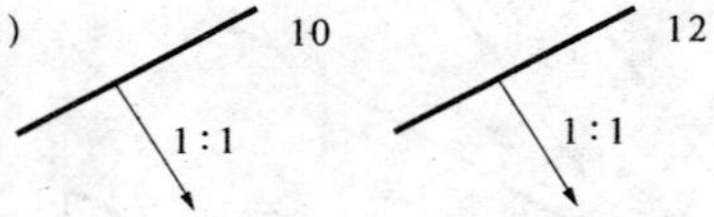


(　)

(2)

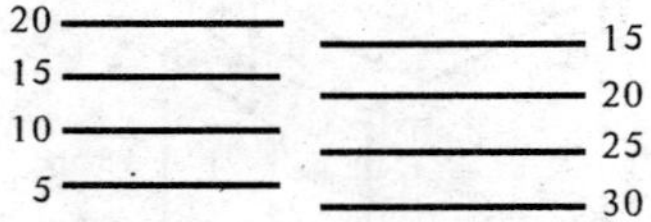


(　)

(3)

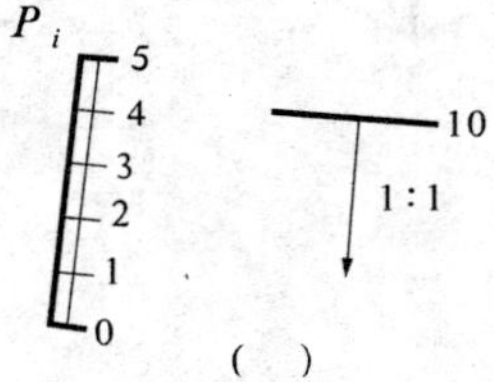


(　)

(4)

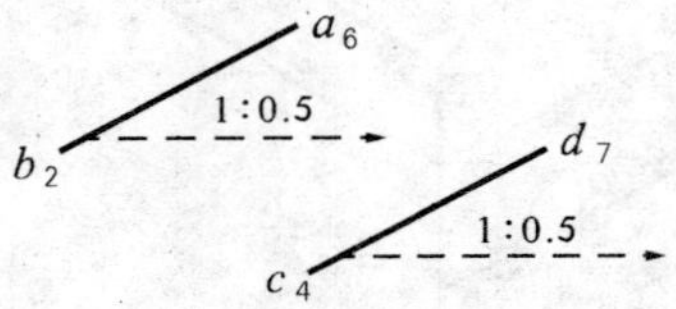


(　)

(5)

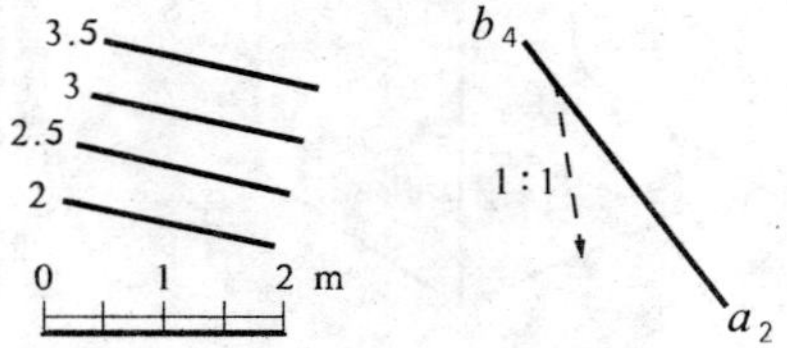


(　)

(6)

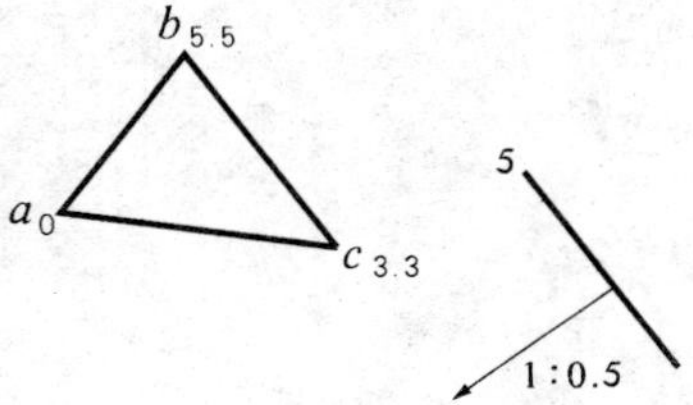


(　)

1.求图中所示两个平面的交线。

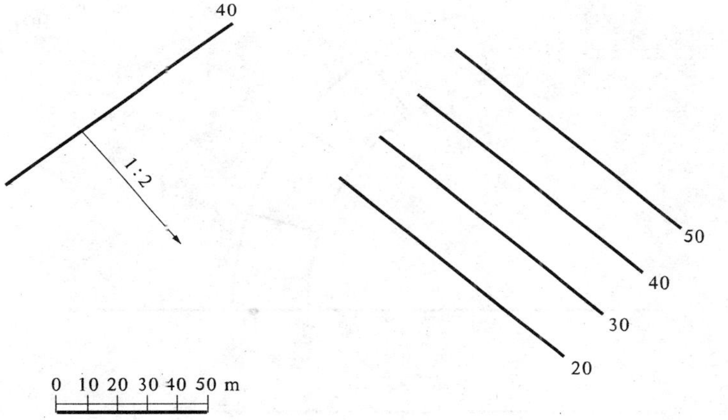


2.平面$P$由直线$AB$和平面$P$的坡度及其大致下降方向确定，平面$Q$由坡度比例尺$Q_i$表示，求作平面$P$和$Q$的交线。

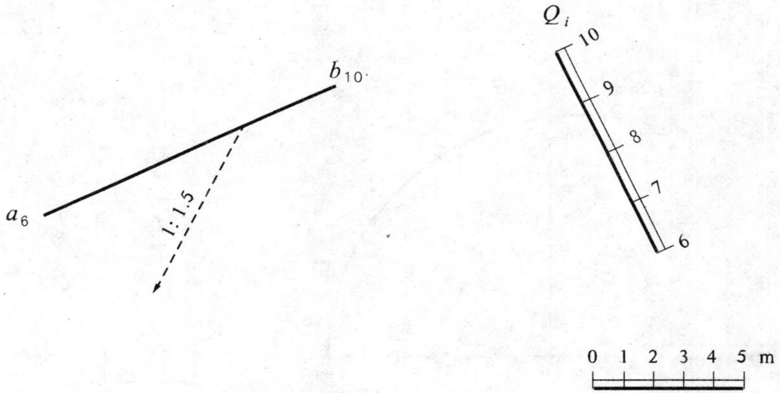


3.已知主堤和支堤相交，其标高及各边坡坡度如图所示，求作各边坡的坡脚线及各坡面的交线。(比例1：200)

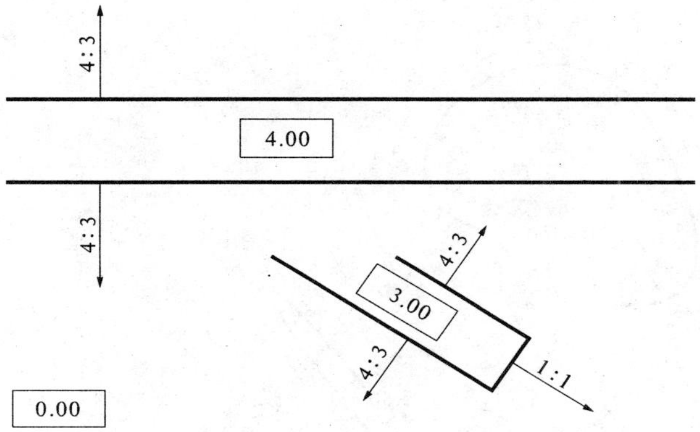


4.在高程为12.00的地面上，修建一圆形平台，其边坡坡度为1:1.5，地面到平台顶由左右两斜引道连接，其两边坡度均为1:1，试求坡脚线和坡面间的交线。(比例1:250)

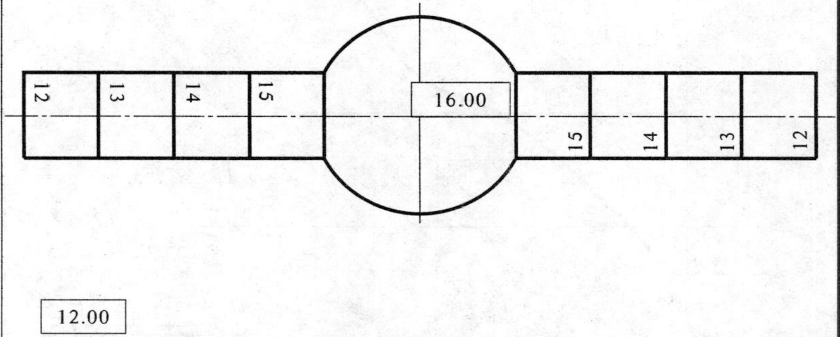

1.已知在高程为10m的地面上有一段空间曲线——圆柱螺旋线$AD$，作出$AD$上的整数高程点$B$、$C$。以$AD$为脊线求作两侧同坡曲面与地面的交线以及在这两个同坡曲面上的等高线，两侧同坡曲面的坡度为1:1。

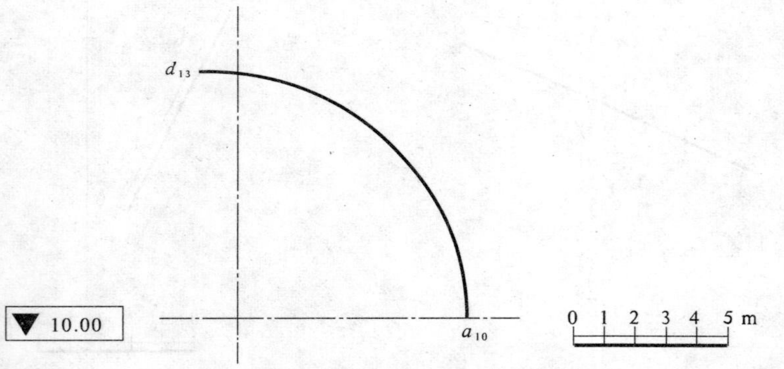


2.一弯曲斜道将地面(高程为10.00)和渠底(高程为6.00)相连，渠道坡度为1:1.5，斜引道两边坡度为1:1，求作坡面与地面及各坡面间的交线。

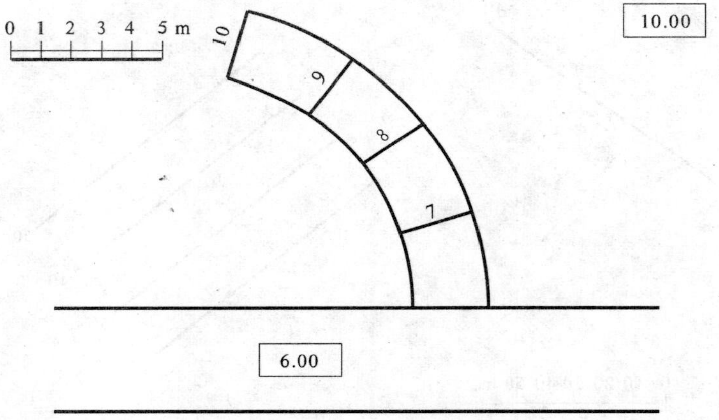


3.在地面上挖一个基坑，已知基坑地面的高程和基坑北坡的底边，北坡的坡度为1:1，求作在折断线以内的北坡与地面的交线。

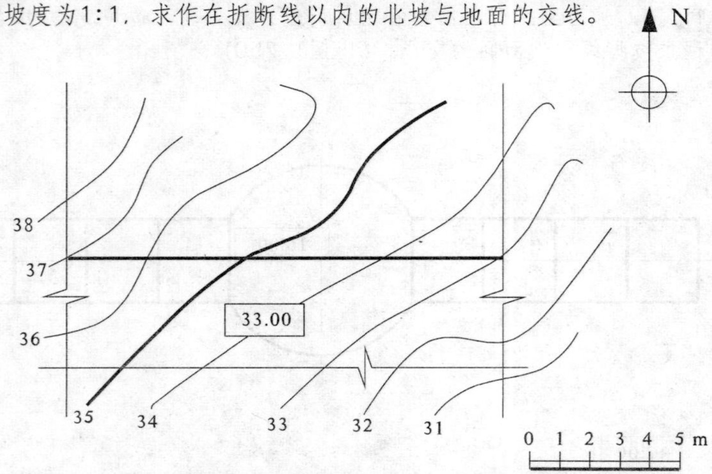


4.在地面上铺设一管道$AB$，试用实线和虚线表示管道$AB$露出地面和埋入地下的各段。

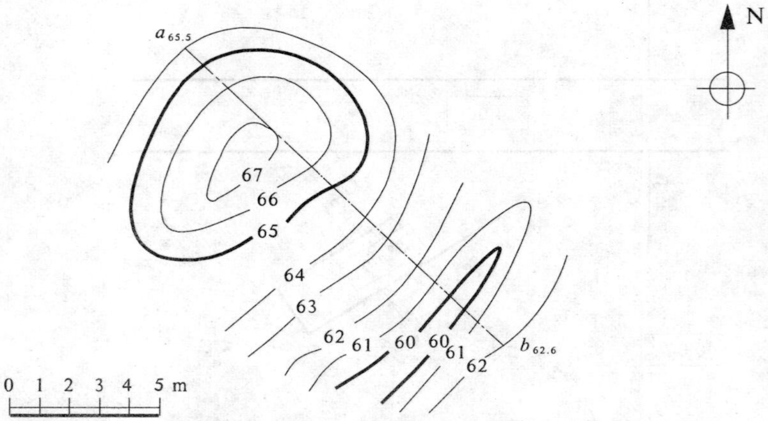

| 12-4 地形图应用 | 班级 | | 学号 | | 姓名 | | 65 |
|---|---|---|---|---|---|---|---|

1.在坡度为1:5的斜坡上，修建一高程为6.00的工作平台，此平台四周的填挖坡度均为1:2，试求平台周围的边坡面与斜坡面的交线及各边坡面之间的交线。

2.在地面上筑一高程为25m的平台，用1:2的斜坡道与地面相连，各侧边坡坡度均为1:1.5。求：(1)坡脚线及坡面交线；(2)共几条线。

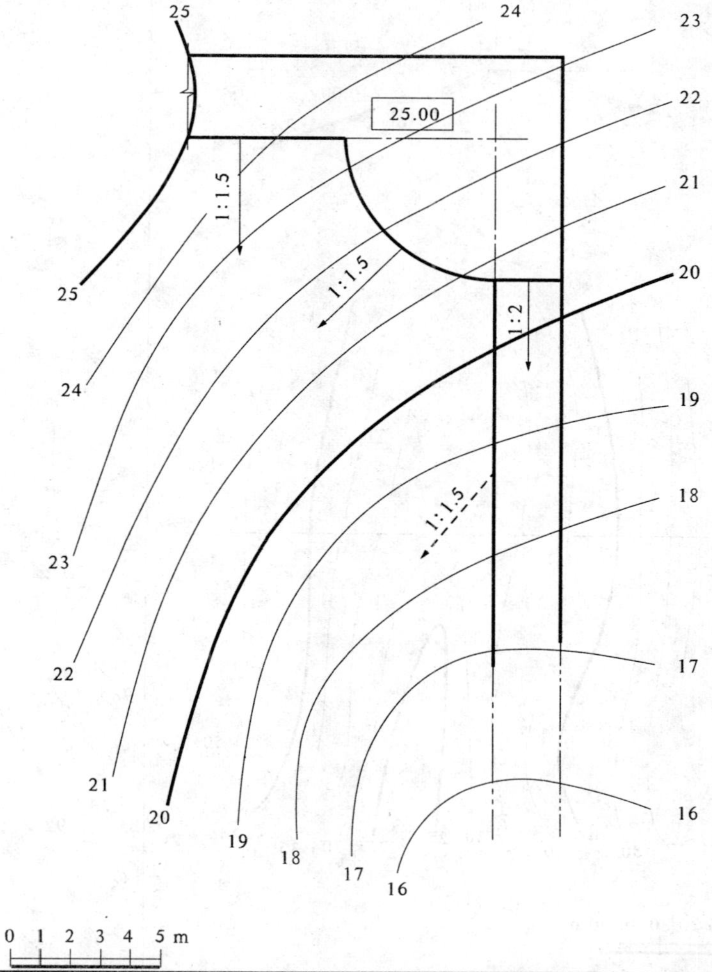

3.已知地形图上土坝坝轴线的位置和标准面，试求作土坝平面图。

土坝标准断面图

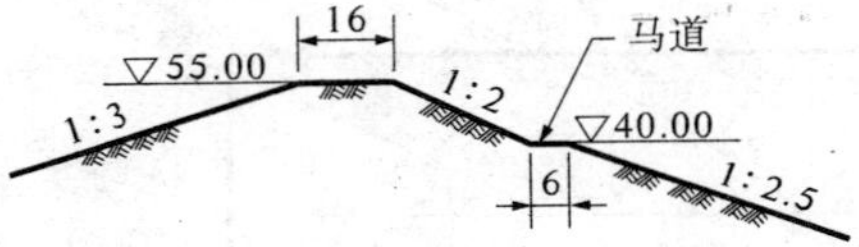


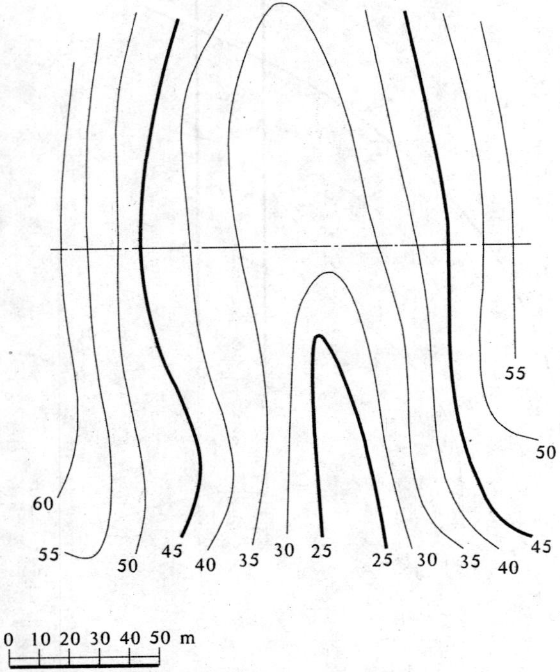


4.在地面上修一条渠道，渠底高程为80.00m，渠顶高程为84.00m，试根据渠道的剖面图和在地形图上的渠道轴线，作出填挖坡面的边界线。

渠道剖面图(填方)

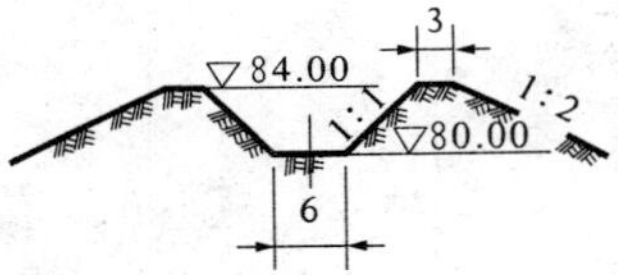


渠道剖面图(挖方)

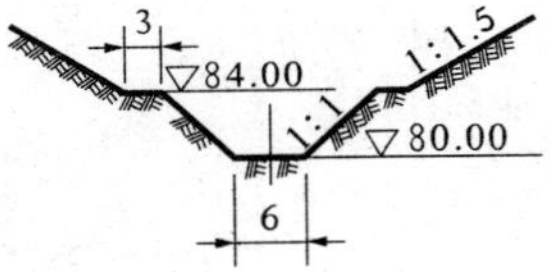


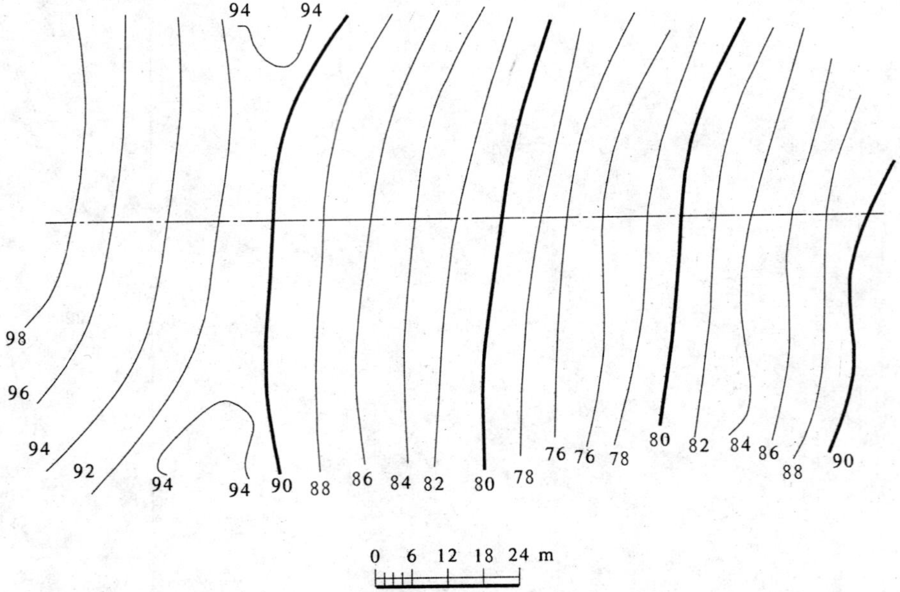

5.已知条件如图所示，求作坡脚线和各坡面的交线。

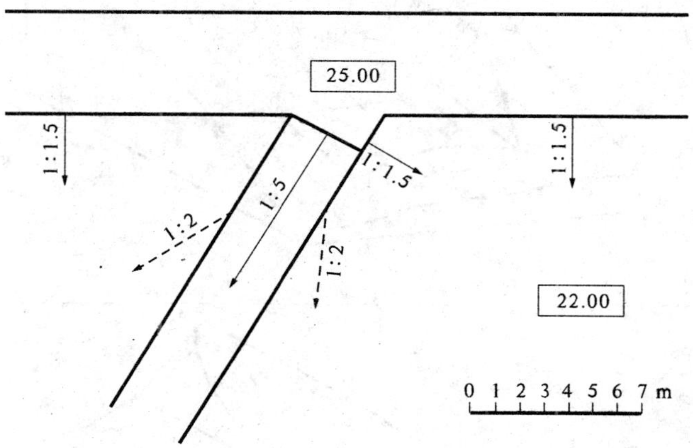


6.在地面上铺设一管道*AB*，试用实线和虚线表示管道*AB*露出地面和埋入地下的各段。

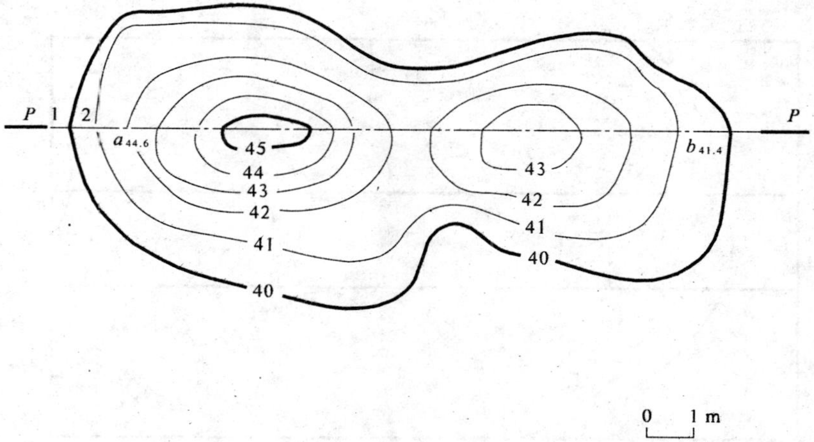

7.在地面上开挖一个高程为21m的水平场地，已知挖方坡度为1:1，试画出开挖线及场地边界线。

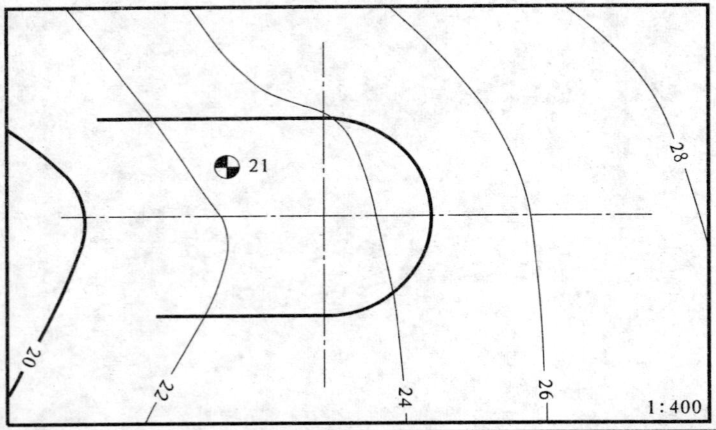


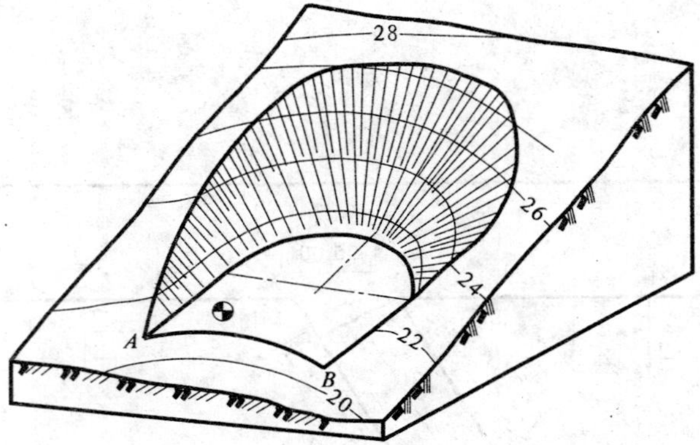


8.在地面上修一条斜坡道，已知填挖方坡度均为1:2，求填挖方边界线。

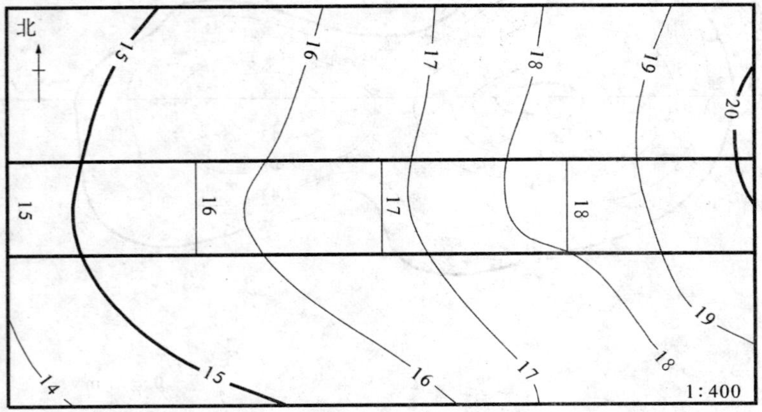


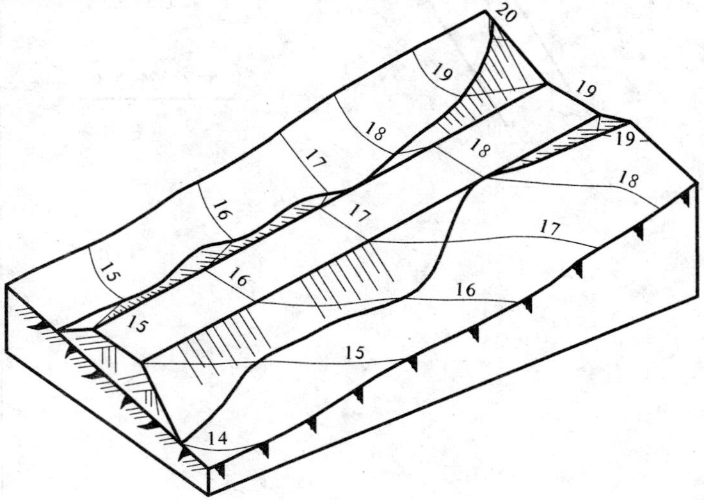

1.已知在地面上修一高程为6m的平台，各坡面坡度均为$i$=1:1，求各坡面的坡脚线及各坡面的交线。

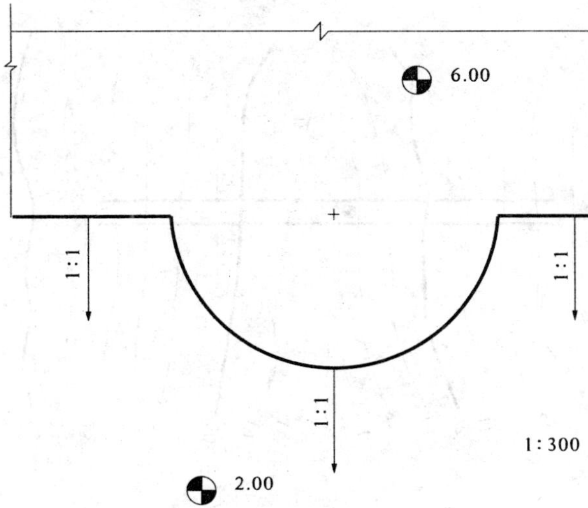


2.在地面上一带有斜坡道的平台，平台高程24m，填方坡度为1:1.5，挖方坡度为1:1。求各边坡与地面的交线。

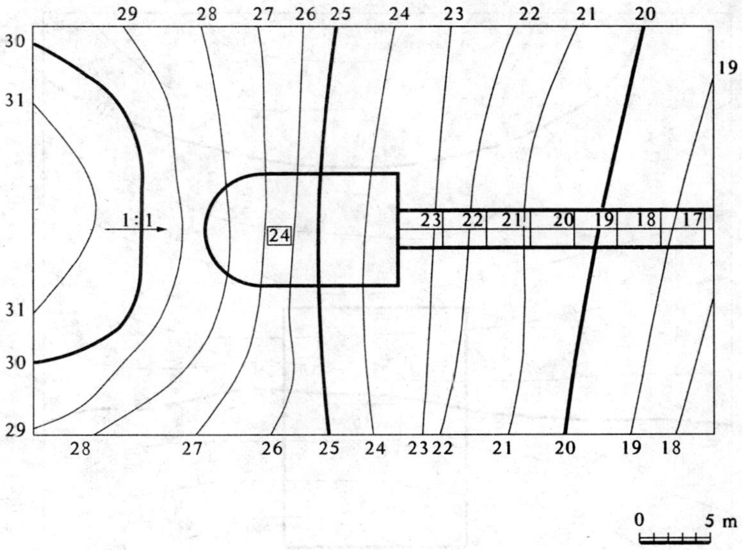

3.在地面上修一水平场地，填方坡度为1:1，挖方坡度为1:1.5，试完成各坡的坡脚线及各坡面的交线。(比例1:400)

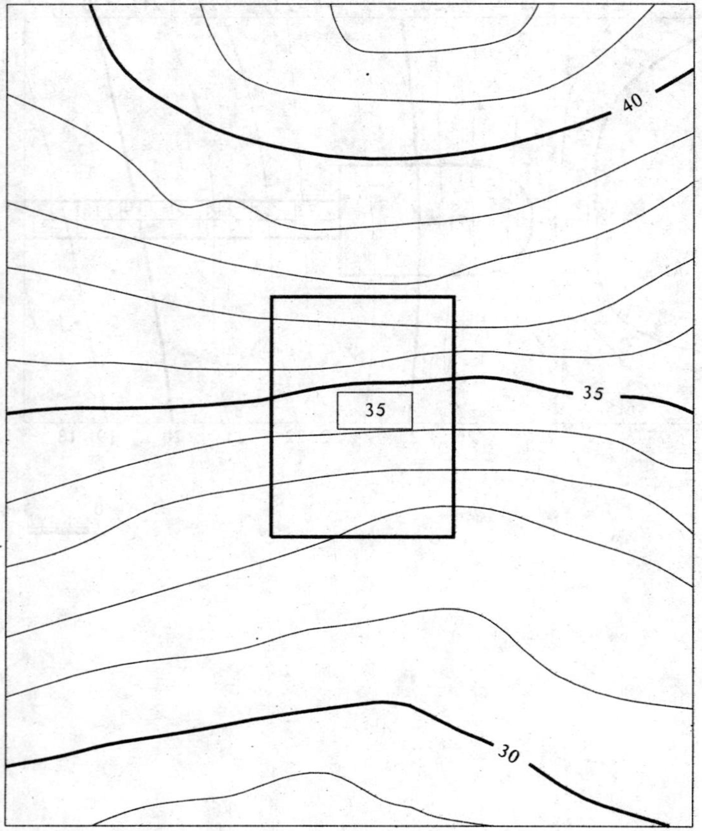


4.已知地形图上土坝坝顶高程、迎水面和背水面坡度，试求作：土坝与地面的交线。

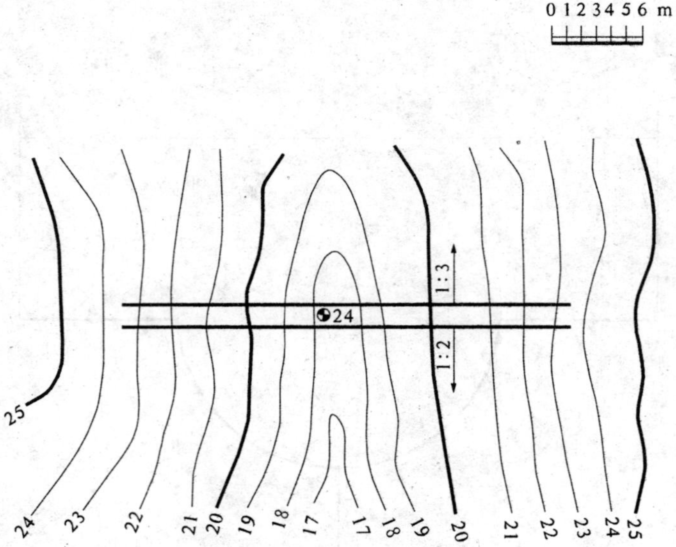


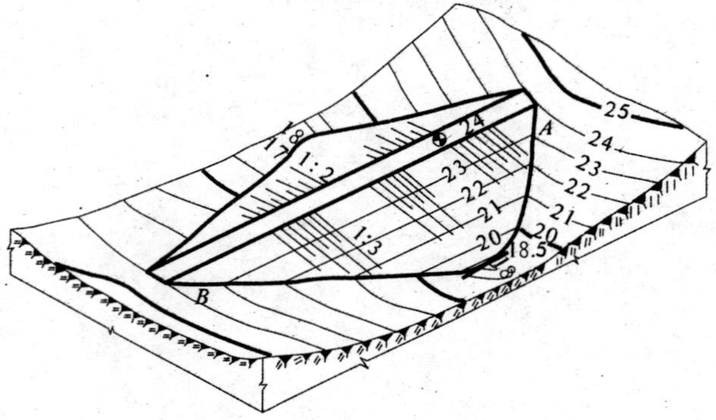

| 13-1 基本命令的使用 | 班级 | | 学号 | | 姓名 | | 71 |
| --- | --- | --- | --- | --- | --- | --- | --- |

1.

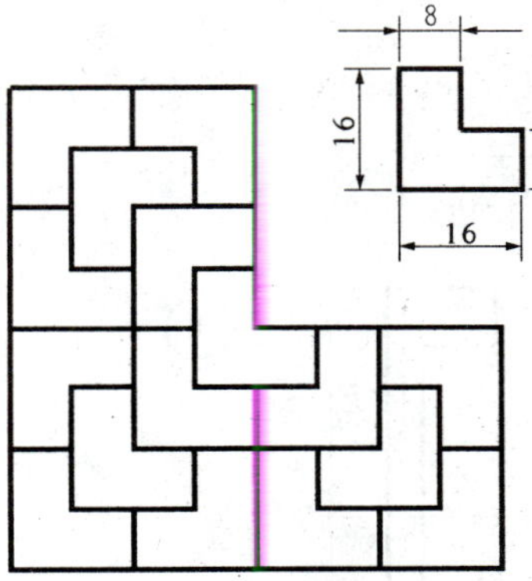


2.

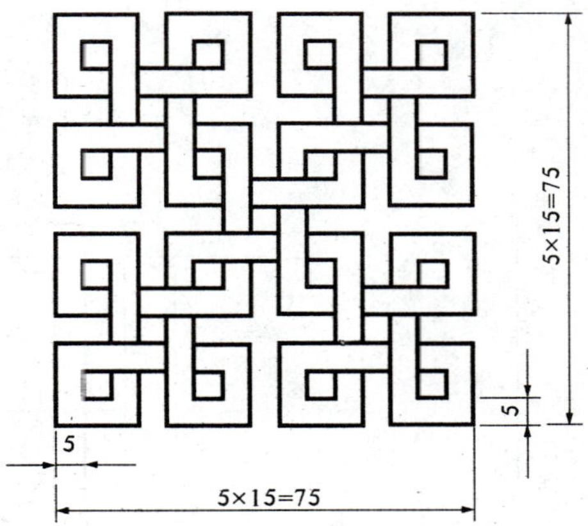


3.

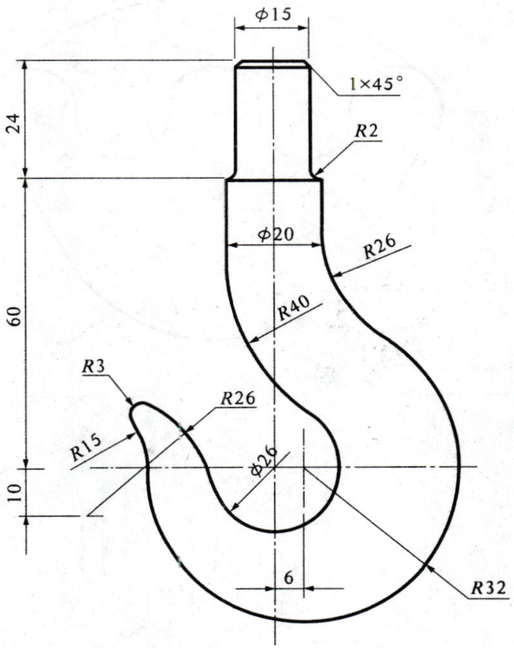


4.

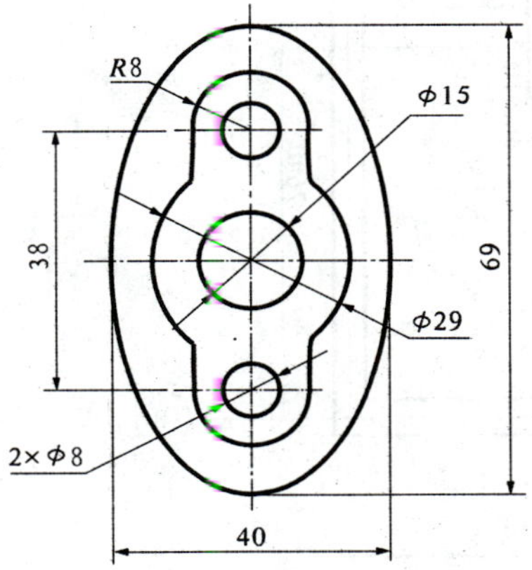


5.

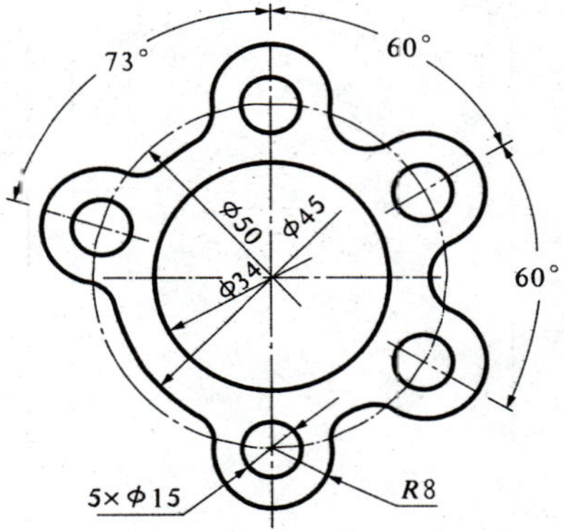

6.

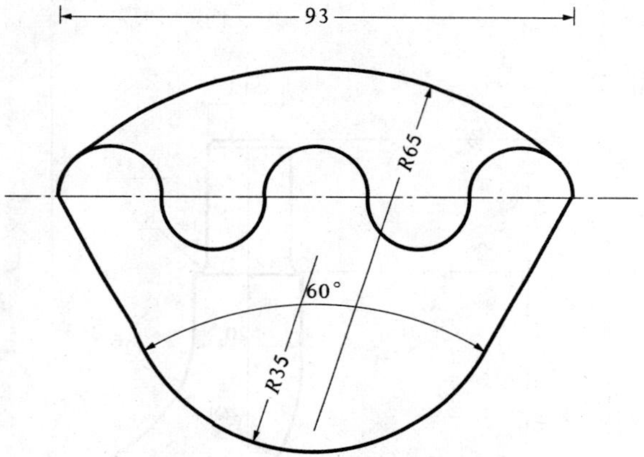


7.

8.

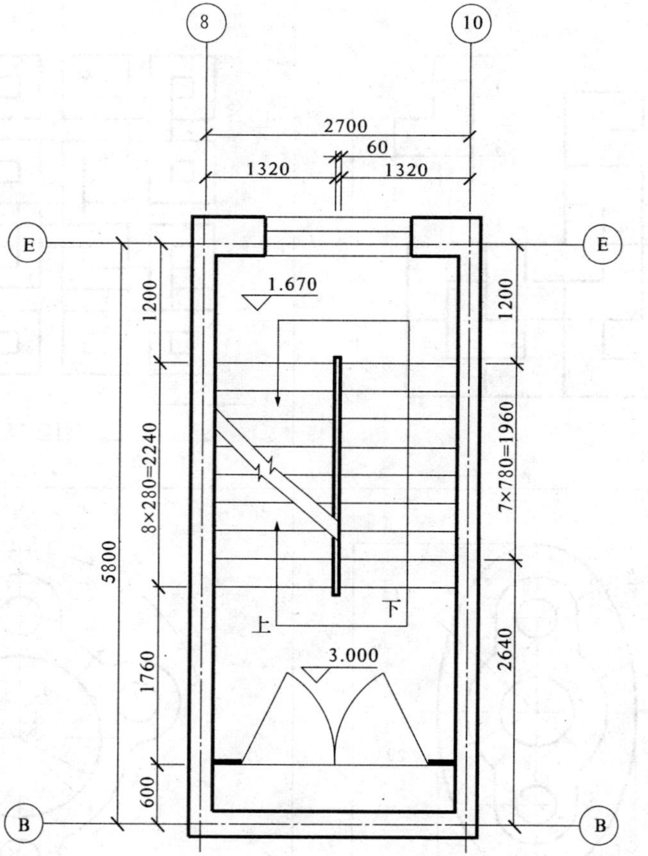


二层楼梯平面图 1:50

9.

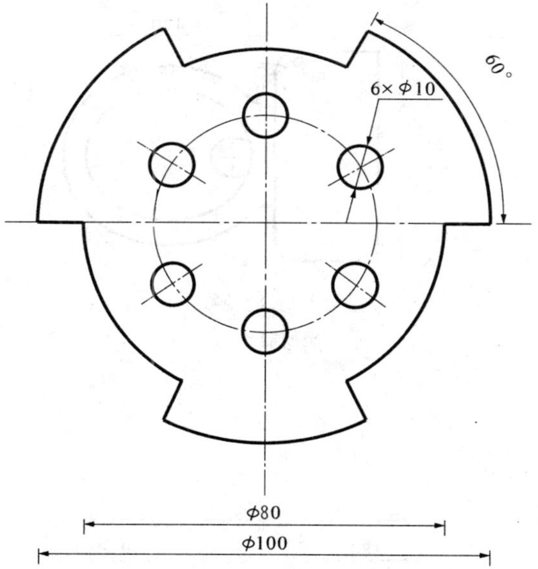
60°
6×ϕ10
ϕ80
ϕ100

10.

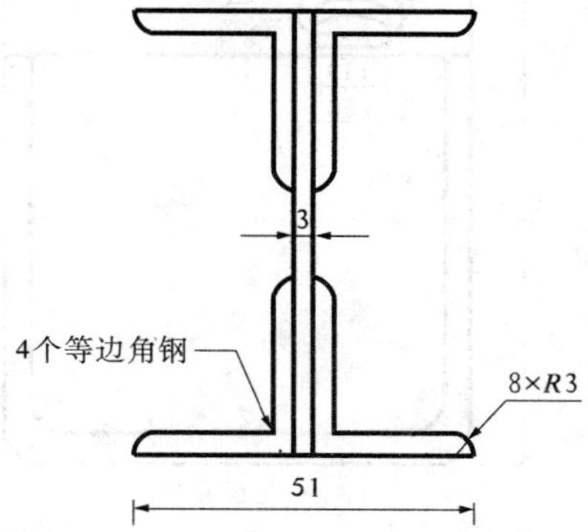
3
4个等边角钢
8×R3
51

11.

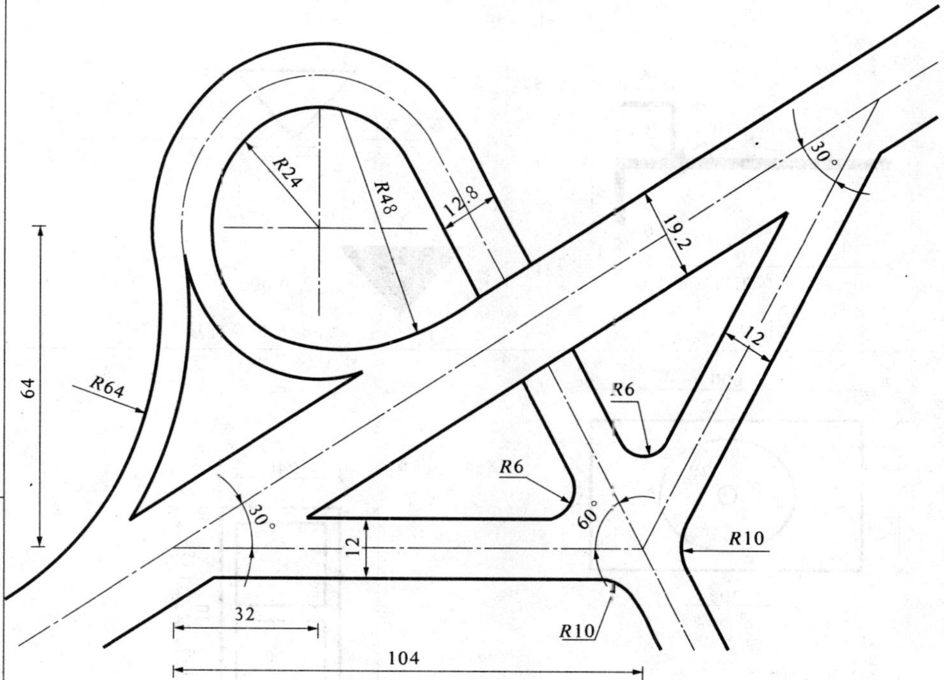
30°
R24
R48
12.8
19.2
12
64
R64
R6
R6
30°
60°
12
R10
R10
32
104

| 13-2 建筑图例的绘制 | 班级 | | 学号 | | 姓名 | | 74 |
|---|---|---|---|---|---|---|---|

1.

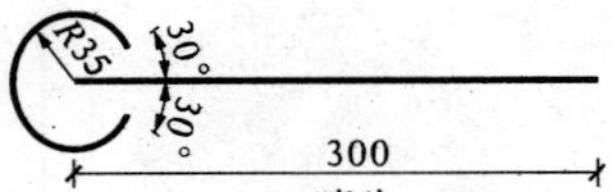


喷头

2.

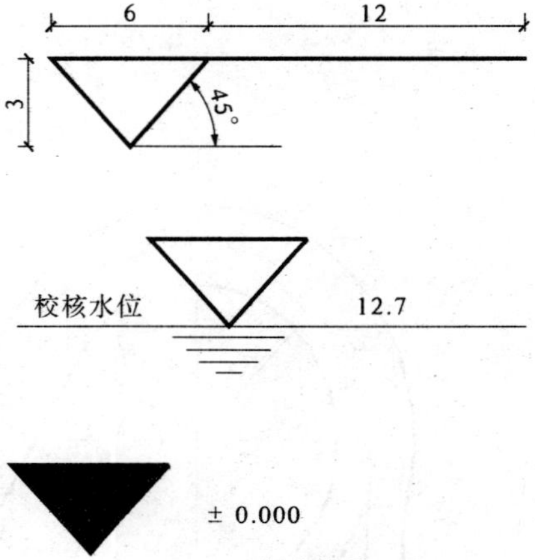


标高符号

3.

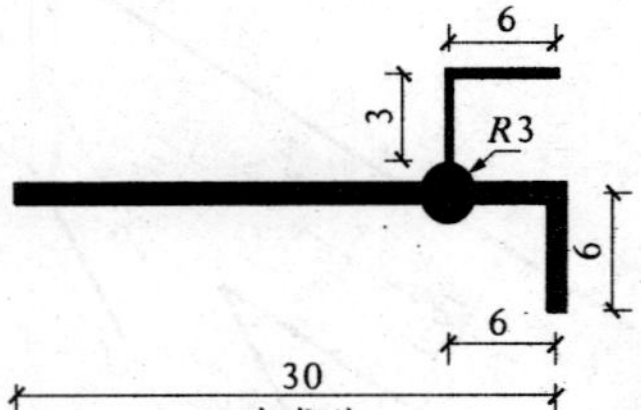


水龙头

4.

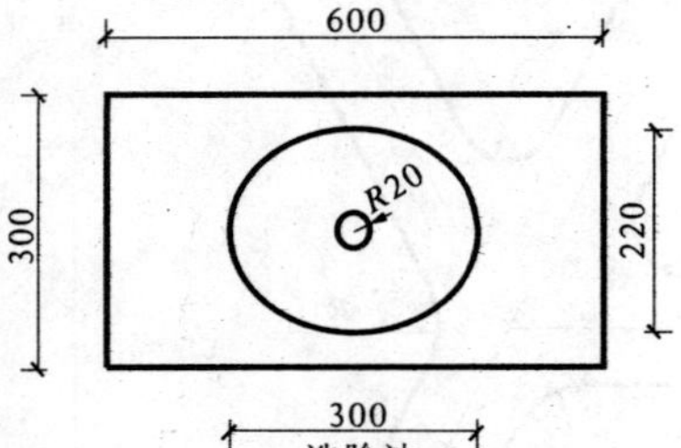


洗脸池

5.

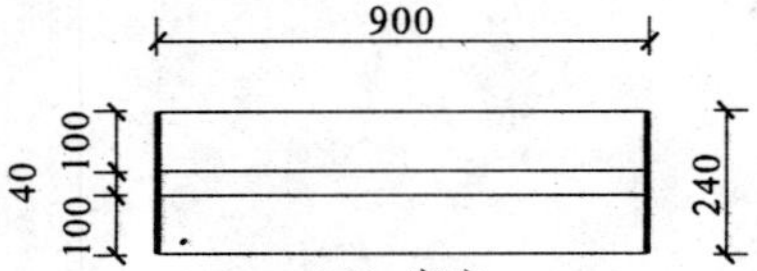


240 窗户

6.

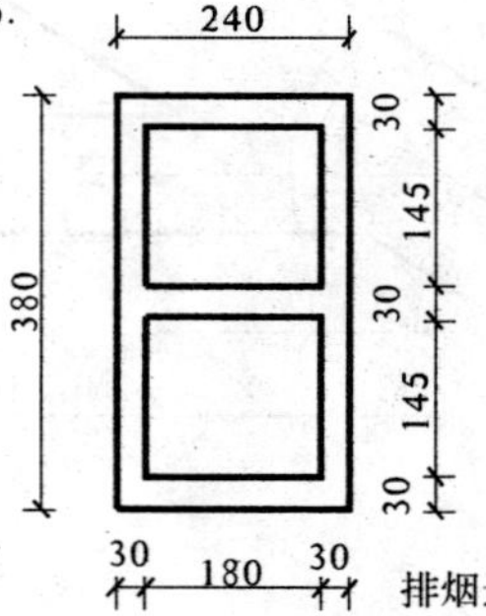


排烟道

7.

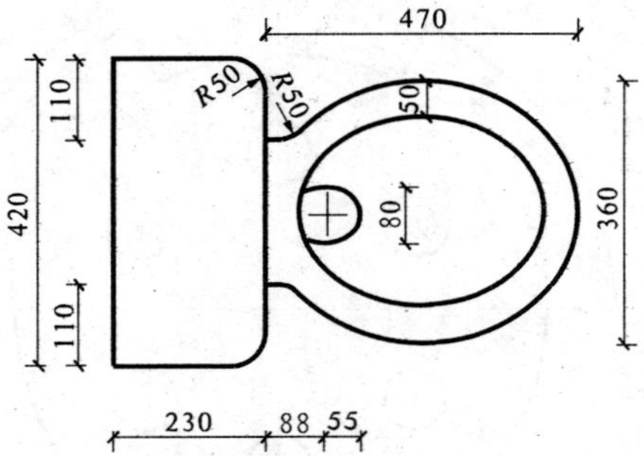


坐便器

8.

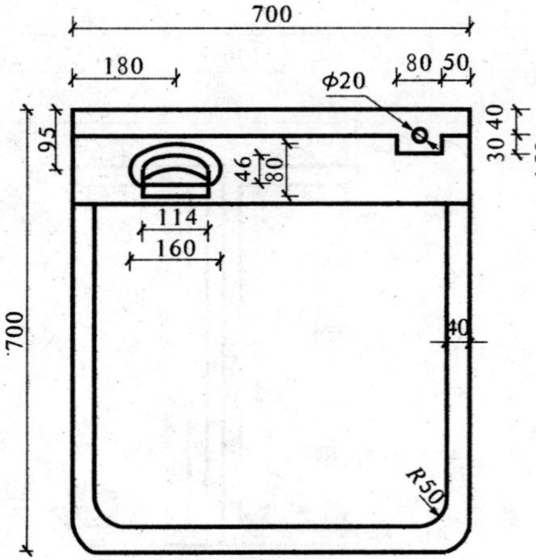


洗衣机

# 13-3 简单工程形体绘制

班级 学号 姓名



1.

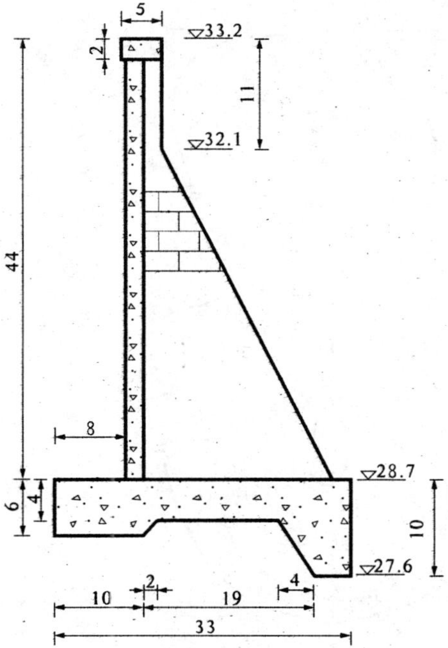


2.

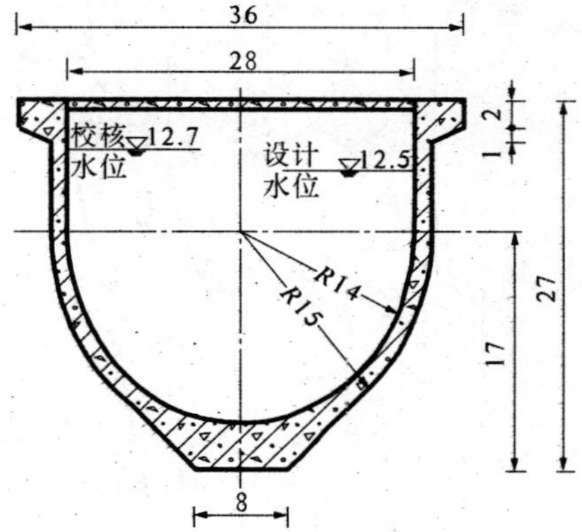


3.

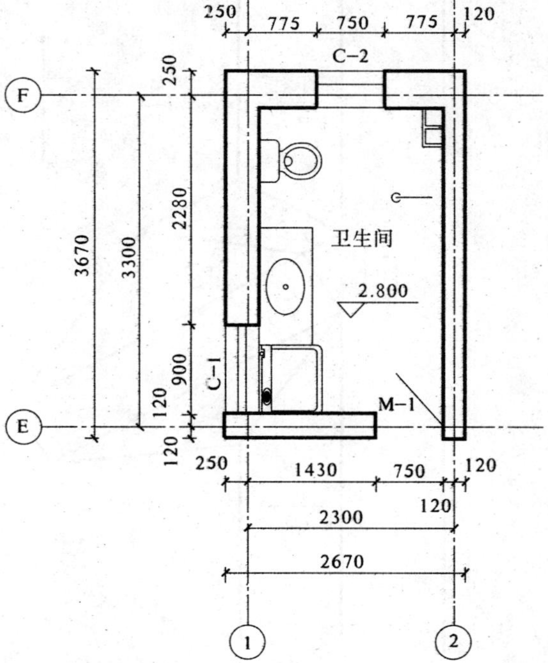

| 12-4 地形图应用 | 班级 | | 学号 | | 姓名 | | 76 |
|---|---|---|---|---|---|---|---|

5.已知条件如图所示，求作坡脚线和各坡面的交线。

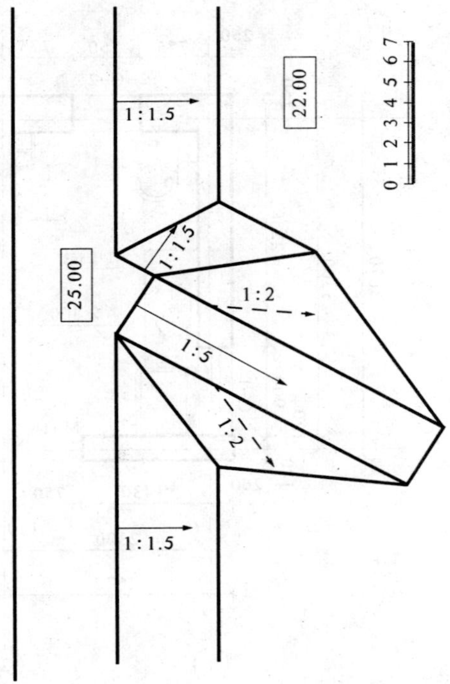


6.在地面上铺设一管道AB，试用实线和虚线表示管道AB露出地面和埋入地下的各段。

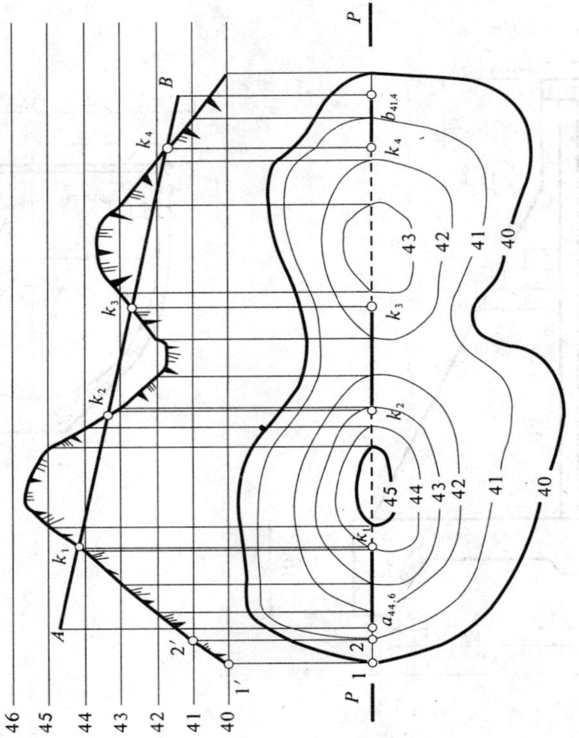

7.在地面上开挖一个高程为21m的水平场地，已知挖方坡度为1:1，试画出开挖线及场地边界线。

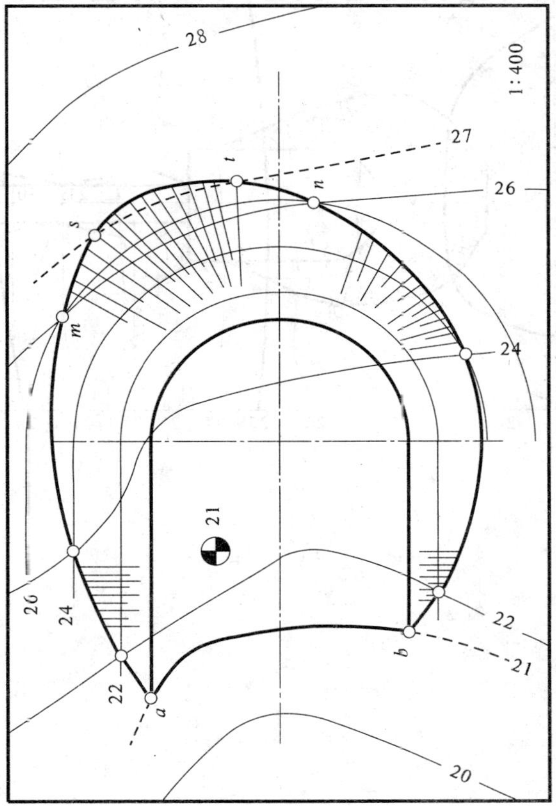


8.在地面上修一条斜坡道，已知填挖方坡度均为1:2，求填挖方边界线。

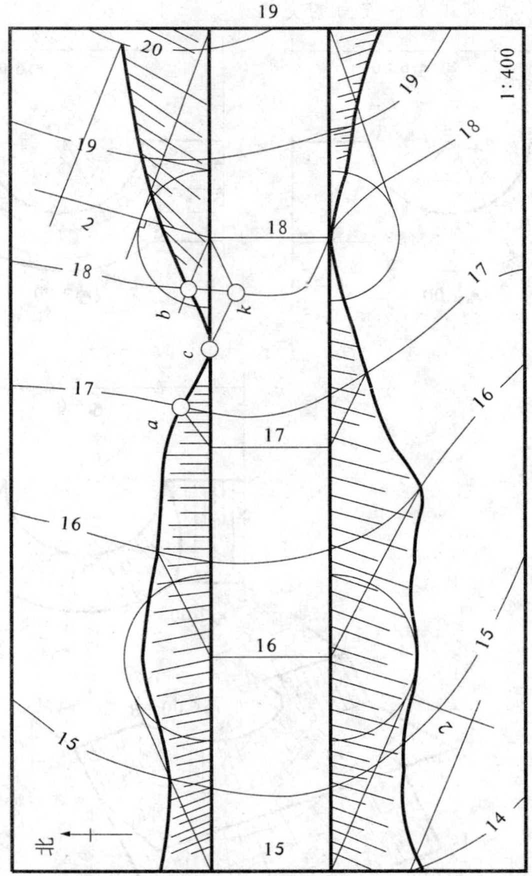

1.已知在地面上修一高程为6m的平台，各坡面坡度均为$i=1:1$，求各坡面的坡脚线及各坡面的交线。

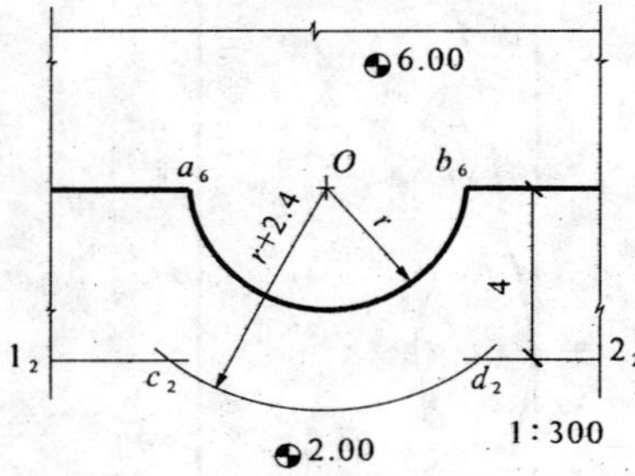


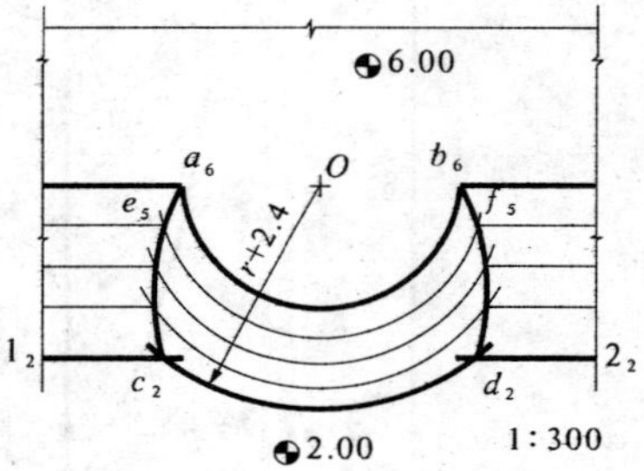


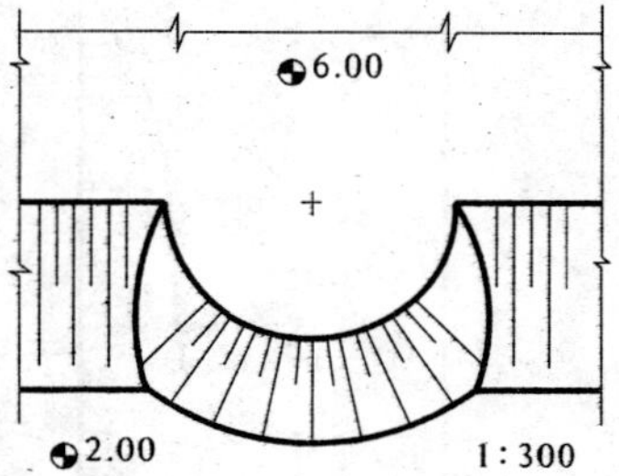


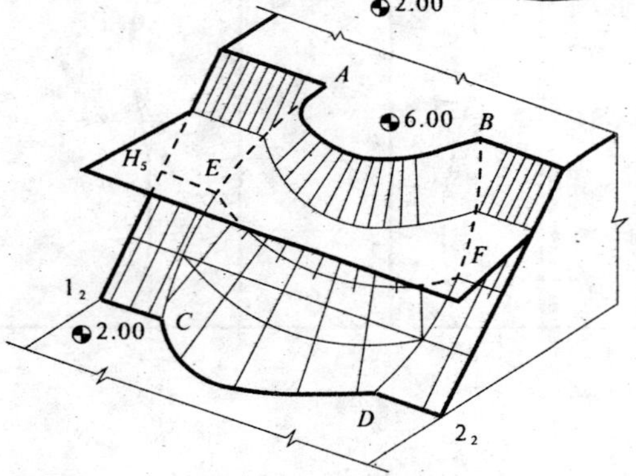


2.在地面上一带有斜坡道的平台，平台高程24 m，填方坡度为1:1.5，挖方坡度为1:1。求各边坡与地面的交线。

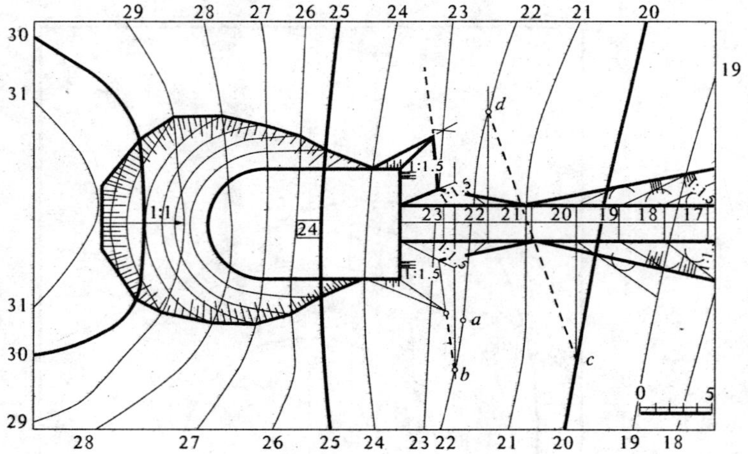

3.在地面上修一水平场地，填方坡度为1:1，挖方坡度为1:1.5，试完成各坡的坡脚线及各地面的交线。（比例1:400）

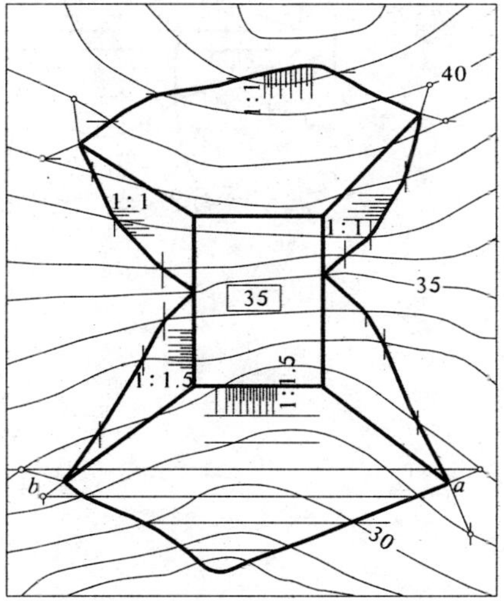


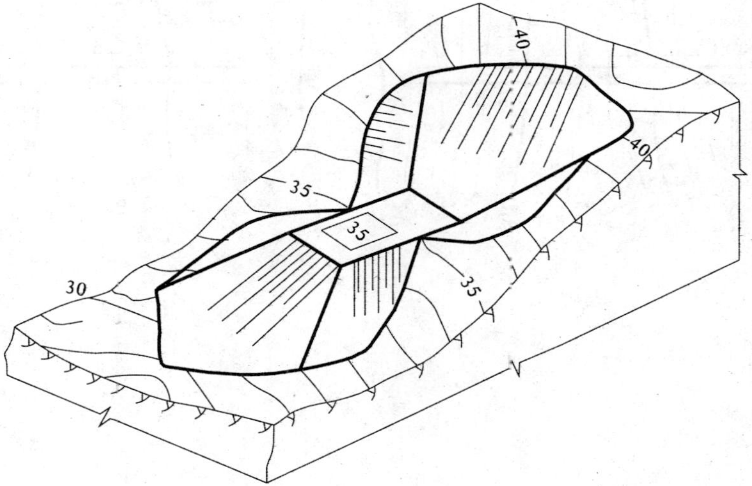

4.已知地形图上土坝坝顶高程、迎水面和背水面坡度，试求作：土坝与地面的交线。

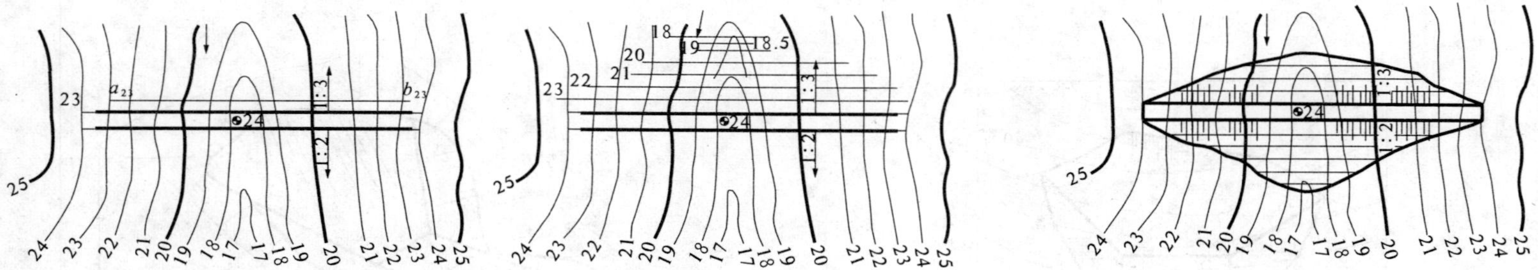